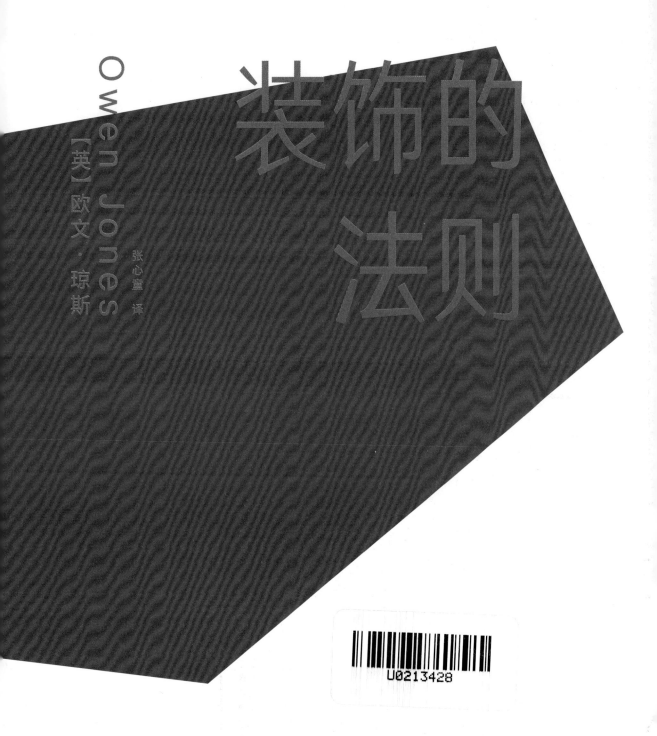

装饰的法则

Owen Jones

[英]欧文·琼斯

张心童 译

浙江人民美术出版社

图书在版编目（CIP）数据

装饰的法则 ／（英）欧文·琼斯著 ；张心童译. ——
杭州 ：浙江人民美术出版社，2018.5（2020.4重印）
ISBN 978-7-5340-6785-3

Ⅰ．①装… Ⅱ．①欧… ②张… Ⅲ．①建筑装饰－建
筑艺术 Ⅳ．①TU238

中国版本图书馆CIP数据核字(2018)第088866号

装饰的法则

〔英〕欧文·琼斯 著 张心童 译

责任编辑：杨　晶
文字编辑：傅笛扬
封面设计：一十设计工作室
责任校对：余雅汝　毛依依
责任印制：陈柏荣

出版发行：浙江人民美术出版社

地　　　址：杭州市体育场路347号（邮编：310006）

网　　　址：http://mss.zjcb.com

经　　　销：全国各地新华书店

制　　　版：浙江新华图文制作有限公司

印　　　刷：浙江影天印业有限公司

版　　　次：2018年5月第1版　2018年5月第1次印刷
　　　　　　2020年4月第1版　2020年4月第2次印刷

开　　　本：787mm×1092mm　1/16

印　　　张：22.75

字　　　数：198千字

书　　　号：ISBN 978-7-5340-6785-3

定　　　价：180.00元

如发现印刷装订质量问题，影响阅读，请与承印厂联系调换。

前 言

　　装饰艺术的发展经历了无数阶段，变换无穷，若想搜集所有阶段的图案，非我一己之力所能为。哪怕将此任交给政府，希望也微乎其微。即便真能实现，体量如此浩繁的资料，也很难有何实际用处。因此，我力图遴选出一些相互关联且颇具代表性的风格类型，在特性当中找出普遍适用的共性，汇编成书，大胆地取名为《装饰的法则》。我大胆地希望，通过将各种装饰风格的精美作品一并展现，改善当今模仿抄袭之风，而潮流存续下去的同时，切不可完全忘记，某种装饰所属的具体的时代环境，是孕育这种风格美感的土壤，一旦将其嫁接于别处，便美感尽失。

　　这本汇编图鉴一旦面世，极有可能助长危险的抄袭之风，使得人们满足于照搬照抄过去还未被用到俗烂的美的样式。我由衷地希望可以遏制这种风气，激发人们更高远的推陈出新的志向。

　　这一课题并非半池止歇的池水，倘若有学生想进一步探索不同语言写就的著作，定能发现这思想的池水喷薄不息。

　　在接下来的章节里，我向读者展现了如下的事实：

　　一、任何普遍引人惊叹的装饰风格，都符合自然中的形态布局原理。

　　二、符合这些规律的风格无论表现形式如何多样，都符合基本的几大原理。

　　三、某种风格的修改与发展都是在某种固定风格的基础上，突然兴起抛弃旧有束缚、自由发展新意的趋势，直到新的思想如同之前的风格一样，也逐渐固定下来，才出现了新一轮创造阶段的延替。

　　最后，我在第二十章中想竭力表达的是，装饰艺术的未来发展在于嫁接过去的经验知识，回归自然寻求耳目一新的灵感。倘若无视过去，凭空构建艺术理论及发展风格，将是愚蠢至极的做法。这无异于摒弃了数千年来积累的经验和知识。与之相反，我们应该将过去的成功经验视为宝贵的遗产，不盲目追从，而是利用它们指导我们走上正确的道路。

该书即将定稿付梓，供大众评议，我深知这本汇编图鉴远达不到完整的程度；文中诸多纰漏之处，有待各位艺术家自行补充。我列举各种装饰风格类型，主要旨在展示具有标志性意义的艺术风格，对学生各自的学习道路有所裨益。我相信该书达到了这样的作用。

在此，我要向所有帮助我完成此书的朋友致谢。

在写作埃及艺术期间，我得到了 J. 波诺米（ J. Bonomi ）先生和詹姆斯·怀尔德（ James Wild ）先生的鼎力相助。怀尔德先生还向我提供了阿拉伯艺术的资料，他久居开罗，搜集了大量开罗装饰艺术，部分收录于本书当中，虽然并不全面，但读者可以借此了解一二。但愿有朝一日他会将其珍藏完整地公布于世。

感谢 T. T. 博瑞（ T. T. Bury ）先生提供彩色玻璃的图样。感谢 C. J. 理查德森（ C. J. Richardson ）先生为我提供了伊丽莎白时期的大部分资料。感谢 J. B. 韦林（ J. B. Waring ）先生为我提供拜占庭时期的资料。同时感谢他写的拜占庭与伊丽莎白时期的珍贵的论文。J.O. 韦斯特伍德（ J.O.Westwood ）先生专注于研究凯尔特人装饰艺术，帮助了我凯尔特时期的写作，同时他也对这一风格进行了精彩的历史叙述与剖析。

马尔伯勒宫（ Marlborough House ）的 C. 德莱（ C. Dresser ）先生提供了第二十章的第八幅图样，别有生趣，展现了自然界中花朵的几何结构。

与我共同完成水晶宫的同事 M. 迪格·怀亚特（ M. Digby Wyatt ）写就了关于文艺复兴与意大利时期装饰艺术的精彩文章，为此书增色不少。

凡是本书引用的公开资料，正文中都有所交代。

书中其余画稿由我的学生完成，阿尔伯特·沃伦（ Albert Warren ）先生、查尔斯·奥伯特（ Charles Aubert ）先生和斯塔布斯（ Stubbs ）先生将全部原画进行了筛选，以供出版。

弗朗西斯·贝德福德（ Francis Bedford ）先生与他的得力助手们，包括 H. 菲尔丁（ H. Fielding ）先生、W. R. 泰姆斯（ W. R. Tymms ）先生、A. 沃伦（ A. Warren ）先生、以及 S. 塞奇菲尔德（ S. Sedgfield ）先生，不时对我伸出援手，在不到一年的时间里，帮助我完成了一百张图样的排版印刷工作。

特别感谢贝德福德（ Bedford ）先生的关切，他的忘我工作使该书达到最高印刷水平，我深信，任何了解个中艰辛颠簸的业内人士，都会给予他充分的认同。

兼为出版商和该书印刷商的戴（Day）先生与宋（Sun）先生倾尽全力相助，他们关照有加，完成大量印刷工作，调动他们积累的资源，最终向读者们呈现出高规格的作品，甚至提前预期完成。

欧文·琼斯

1856年12月15日于阿盖尔(Argyll)

本书提倡的在建筑与装饰艺术中
关于形式和颜色布局的基本原理

原理 1

装饰艺术产生于建筑，且应适当地服务于建筑。

基本原理

原理 2

建筑是其所处时代的需求、官能和情感在物质上的表达。

原理 3

所有的装饰艺术作品同建筑一样，具备合宜、匀称与和谐的特质，给人一种恬静感。

原理 4

真正的美来自于视觉、智力与情感都获得满足而无所他求时的恬静感。

原理 5

建筑离不开装饰。装饰绝不应该刻意为之。

美即是真，真当是美。

原理 6

关于基本形式

线条的起伏波动、层层相生造就了形式上的美。应不存在赘余的部分。任何部分的删减都不会为整体增添美感，反而可能破坏了原有的美感。

原理 7

整体的形式是人们最先关注的部分，应该用整体线条进行分割与装饰；若想作品更耐得起细致的观摩，可将空隙部分再细分，用装饰来丰富它。

表面装饰

原理 8

所有的装饰都应遵循几何结构。

原理 9

对于任何一件完美的建筑作品，其组成部分之间必然也呈现完美的比例感，因此装饰艺术的各个部分之间也应遵循一定精确的比例。整体与每个部分都应该以某种基本构成单元的倍数的形式呈现。

关于比例

最难用眼察觉的比例也是最具美感的比例。因此，2倍、4倍或8倍不如5：8这种更微妙的比例美；3：6的比例不如3：7的比例美；3：9的比例不如3：8的比例美，3：4的比例不如3：5

的比例美。

原理 10

形式的和谐来自于直线、斜线与曲线之间合适的平衡与对比。

原理 11

在表面装饰中，所有的线条都应该从一个主干发散出来。每个装饰图案都应能追溯到它的枝干与主干上，无论与其相距多远。参见东方装饰艺术实践。

原理 12

曲线与曲线，或直线与曲线的衔接之处应该是切线关系。符合自然法则与东方的装饰艺术实践。

原理 13

花朵与自然物本不应作为装饰，然而约定俗成的再现手法向人们的心灵充分地传达了大自然的形象，同时无损于它所装饰之物的整体性。艺术鼎盛时期，人们普遍遵守这一原理。艺术衰落时期，人们也普遍违反这一原理。

原理 14

色彩可用于美化形式，将不同物体或物体的不同部分区分开来。

原理 15

色彩可用于体现明暗，合适地分布

几种色彩，可以增添整体形式的动感。

原理 16

在小面积上使用少量的原色（primary colors），在大面积上辅以间色（secondary colors）和复色（tertiary colors），可获得最佳的装饰效果。

原理 17

物体的顶部应使用原色，底部使用间色。

原理 18（配色原理）

同等强度的原色将会彼此中和，一共分为 16 等份，黄、红、蓝以 3：5：8 的比例分配。间色一共分为 32 等份，橙、紫、绿以 8：13：11 的比例分配。复色一共分为 64 等份，柠檬色（由橙和绿组成）、赤褐色（由橙与紫组成）与橄榄色（由绿与紫组成）以 19：21：24 的比例分配。

这些颜色符合如下的规律：

每个间色由两种原色构成，被以同样比例分配的剩余的一种原色所中和，因此 8 等份的橙色被 8 等份的蓝色中和，11 等份的绿色被 5 等份的红色中和，13 等份的紫色被 3 等份的黄色中和。

每一个复色都由两种间色构成，被剩余的间色所中和，例如，24 等份的橄榄色被 8 等份的橙色所中和；21 等份的赤褐色被 11 等份的绿色所中和，19 等份的柠檬色被 13 等份的紫色所中和。

色调、色度与色相的对比与和谐

原理 19

以上原理的前提是，每种原色的强度都是其棱光镜的颜色，每种颜色都有不同的色调，与白色混合后的色调，或者与黑或灰的阴影色混合后的色调。

当一种全色与一种色调较低的颜色形成对比时，后者的强度应该按比例增加。

原理 20

每一种颜色都有不同的色相，是与黑白灰以外的颜色混合而来的，例如黄色，我们有橙黄还有柠檬黄；例如红色，我们有猩红色还有绯红色，每种颜色都是不同色调和色度的组合。

当一种原色混合了另一种原色时，与一种间色形成对比，这种间色一定含有第三种原色的色相。

使用色彩的位置

原理 21

在模制的表面上使用原色，蓝色应在位于后侧的凹面上，黄色在位于前侧的凸面上，红色是中间色，用在底面上。在垂直平面上使用白色作为分隔色。

当无法达到原理 18 中的比例时，我们可以改变颜色以达到平衡，如果表面有太多黄色，应该让红色偏绯红色，让蓝色更偏紫色——即，我们应该抽除这些颜色中的黄色部分；如果表面有太多蓝色，可以让黄色更偏橙色，红色更偏猩红色。

原理 22

颜色的混合应该使得最终物体的颜色从远处观望的时候，有一种自然的润泽感。

原理 23

任何完美的作品都是三原色缺一不可，无论是以原色还是原色调和过的形式存在。

原理 24

当一种颜色的两种色调并置的时候，浅色看起来更浅，深色看起来更深。

关于颜色对比的定律，来自谢弗勒尔[Chevreul]先生

原理 25

当两种不同的颜色并置之时，二者会发生两层变化。其一，色调（浅色看起来更浅，深色看起来更深）；其二，色相（二者皆沾染了一点对方的颜色）。

原理 26

白色背景上的颜色看起来更深；黑

色背景上的颜色看起来更浅。

原理 27

当黑色背景上是亮色互补色时，背景的黑色会受到影响。

原理 28

颜色之间不应该交叠。

原理 29

关于如何提高并置颜色的和谐度，从东方经验中借鉴

当装饰图案的颜色与其所在的背景色形成对比时，应该用更浅的颜色勾边，将其与背景色分隔开来；比如绿色背景上的红花应该用浅红色勾边。

原理 30

当某种颜色的装饰图案置于金色背景上时，应用深色勾边。

原理 31

任何有色背景上的金色装饰图案都应该用黑色勾边。

原理 32

任何颜色的装饰图案都可用黑、白或金色勾边。

原理 33

任何颜色的装饰图案，包括金色，都可用在黑色或白色的背景上而无须勾边。

原理 34

在同种颜色的不同"深浅"、色调或色度中，深色背景的浅色色彩可无勾边，但浅色背景上的深色图案需要同颜色但更深的色彩勾边。

原理 35

模仿只有在所模仿的事物适用的情 关于模仿 况下才可行，比如模仿树木的纹理或是不同颜色的大理石。

原理 36

过去作品中发现的原理可以为我所用，而非作品本身。方法服务于目的而不等同于目的。

原理 37

只有当所有的阶层、艺术家、工艺制造者以及大众受到更好的艺术教育，并且艺术的基本原理得到广泛认同的情况下，当代艺术才能进步。

目录

第一章　原始部落的装饰艺术

这似乎是一个放诸四海而皆准的事实：几乎所有的民族，无论处在多么早期的文明阶段，都对装饰具有强烈的本能欲望。这种装饰欲望无所不在，并随着一个民族文明的进步而丰富发展。人类的身影无处不在，他们被自然之美所慑服，并竭力模仿造物主的杰作。

人类最先表现出来的进取心便是创造。原始人的纹面和文身便体现了这种心态，他们的目的或是威吓敌人或对手，或是美化自身（图1）。当我们从简陋的帐篷或棚屋的装饰，进阶到菲狄亚斯（Phidias）和普拉克西特列斯（Praxiteles）崇高的杰作时，其实有一点是始终不变的：人类最高的进取心还是创造，在地球上留下自己思想的印记。

历史中总会不时出现思想过人之士，他们的想法影响了一代人，并引领了一群追随者，但这些追随者又不会完全照搬照抄，还是保有个人创作的动力，因此造就了不同的风格与风格的流变。人类文明早期的创作，仿佛是出自孩童之手，尽管缺乏力度，却自有一种优雅天真，在人类发展成熟阶段难得一见，而在人类的晚年阶段更是消失殆尽。任何还在襁褓中的艺术皆是如此。契马布埃（Cimabue）和乔托（Giotto）的作品虽不敌拉斐尔的质地精美，也难及米开朗基罗（Michelangelo）的雄劲有力，但其中荡漾的优雅与诚挚却胜过二者。技巧过多反而容易被滥用。经历苦苦挣扎，才成就得了艺术；满足于技法的娴熟，反而失去了艺术感。观摩这些原始部落稚拙的装饰，我们不由赞叹，他们要克服多少的困难才能取得这些成就，于是一种愉悦之感油然而生；我们一面被这背后的创作意图所吸引，一面惊讶于

图1 切斯特博物馆，新西兰女性头部
　　图中的纹面来自切斯特（Chester）博物馆，它之所以了不起是因为这种最原始的创作活动展示了装饰艺术的最高准则，面部的每根线条都恰如其分地体现了面部的轮廓特征

他们为了达到创作目的而采用的简单巧妙的方式。实际上，每一件艺术作品，无论质朴还是造作，我们都想在上面找到我所提到的这种创造欲望的思想痕迹，它是我们的一种自然本能，一旦我们在他人的创作中找到了它的痕迹，便会深感欣慰。在原始装饰艺术中这种创造欲望更显而易见，在艺术作品不计其数的高度文明社会里反而少见了，这一点看似奇怪却是事实。个性随着生产数量的增加反而减弱了。当艺术作品由多人合制生产，不再出自个人之手时，我们便忽视了真实的创作本能，而这本能才是艺术最大的魅力所在。

彩图 1-1 这张图中的装饰选自主要用树皮制成的衣服。彩图 1-2 和 1-11 取自奥斯瓦尔德·布赖尔利（Oswald Brierly）先生从友好群岛（Friendly Islands）的主岛汤加塔布岛那里带回来的衣服。当地人将某种木槿属树的树皮内层敲打平整，拼成一块平行四边形的布料，将其像衬裙一样层层缠绕在身上，将胸膛、肩膀和手臂裸露在外，这是当地原住民唯一的服装。这可谓最原始的服装造型了，然而上面的图案却品味不凡，技巧娴熟。彩图 1-11 是布料的边缘，由于生产方式的局限，这是他们可以达到的最高水平了。这些样式是用小的木头印章印上去的，尽管工艺略显粗陋，不够工整，但背后的创作意图却很清晰：空间疏密调和，线条不偏不倚，使观赏者的目光不至于分散，让人不得不钦佩。

当布赖尔利先生走访该岛的时候，他发现岛上所有的衣服图案都是由一位女性设计的，每当她设计一个新的图案，都会收到几码布料作为报酬。彩图 1-2 出自同一个地方，

图2

图3

一样展示了原始部落优美的装饰设计，值得我们借鉴。四个方块与四个红点的布局恰如其分。倘若黄色背景上没有这些红点，整体的布局中便缺少了恬静感；倘若红点没有红线的包围，将其与黄色部分衔接在一起，仍旧不够完美；倘若红色小三角方向朝外而不是朝内的话，整体依旧缺少了恬静感，观赏者的目光也不会平衡。如此布局，观赏者的目光才能落在每个方块的中央，以及红点和中央方块组成的单元的中央。这里使用的印章工具也是很简单的，每个三角形和每个菱形叶片都是一个印章，我们可以看出，哪怕是最原始的人类，只要赋予了简单的工具，并凭本能去观察

自然万物的形态，也能够设计出我们所熟悉的几何图案。彩图 1-2 左上角的八角星，就是由同一个简单的工具印制八次构成的，还有这黑色的花朵，有 16 个朝内与 16 个朝外 的 图 案 组 成，哪怕拜占庭，阿拉伯和摩尔人最复杂的马赛克图案，也可用同样的方法印制出来。装饰成功的秘诀在于通过几个简单图案的重复，营造一种整体的效果。应该专注于基本图案的局部设计来实现多样性，而非多种不同基本图案的重复。

图 4 草编，夏威夷群岛

继文身之后，相似地，在身体覆盖物上印制图案是人类走向装饰艺术的第一阶段，无论这种覆盖物是动物皮还是类似的材料。这一阶段样式繁多，彰显个性，超越后世，之后的发展机械得多。原始人类不再只将秸秆和树皮打成单薄的布层，而是开始将其编织成股，逐渐学会了合理布置材料。原始人最初只是习惯观察大自然的和谐，现在他们已经培养出形式与色彩平衡的自觉，我们发现事实上他们确实做到了，在原始时期的装饰艺术中，形式与色彩保持了很好的平衡感。（图 4）

装饰的发展经历了印章和编织之后，接下来便自然出现了浮雕与雕刻。它们最先被应用在防卫武器和狩猎工具上。族群中最高超勇猛之士为了与众不同，拥有更锋利、更漂亮的武器。人们根据经验发展出武器的最佳造型，接下来自然开始在武器表面进行雕刻装饰；人们的视觉已经习惯了编织装饰中的几何样式，因而也试图通过刀刻去复制这种美感。彩图 1-14~1-33 中的装饰图案充分展现了这种创造本能。这些雕刻极尽精准，图案布局展现了优美的品味与判断力。彩图 1-25 与 1-23 饶有意味，主要以曲线的形式呈现，展现了原始人对几何造型的品位与技法，其中人物的造型还处在最早期的阶段。

在上方与右侧的木刻装饰中，曲线排列更为精湛，形成纽绳般的样式，似乎装饰艺术中所有的曲线都应该以这样的样式呈现。双绳缠绕增添了力量感，也让人的视觉最早习惯了螺旋线条，在每个原始部落的装饰艺术中，我们都能看到等长线条交织形成的几何样式总是与螺旋线条一同出现，后期文明社会的更高级的艺术形式延续了这种布局。

原始部落的装饰艺术，发乎自然本能，总是符合创作的初衷。而文明国家的大部分装饰艺术总在不断重复同样的图案，最初的创作本能被削弱了，造成了装饰滥用。本应

图 5 舟首一，新几内亚

图 6 舟首二，新几内亚

图 7 舟侧，新西兰

先寻求最自然简单的样式，然后再锦上添花，但如果布局不当，又在上面过分雕饰，反而所有的美感和匀称感都被破坏了。倘若我们想回归自然健康的创作状态，就要像孩童或原始人一样，摒弃技法和矫饰，回归本能，发展本能。

彩图 1-35,1-36,1-40,1-42 是来自新西兰的美丽的船桨，堪与高级文明的艺术形式媲美[1]：船桨表面的线条不增不减。整体形态优雅，密布的装饰图案营构出形式的美感。如果是现代工艺者的话，可能会把围绕桨柄的环带也运用到桨叶上去，用条纹和格子图案来装饰。新西兰当地人的直觉更为敏锐。他们除了保证船桨牢固耐用之外，还要它看上去也强而有力，上面的装饰为原本平实的船桨增添了一种力量感。桨身中央纵直的镶条正反两面对称，固定住了侧面的边线，而侧面的边线又固定住了其他所有的条带。倘若这些条带都像中央镶条一样无

[1] 库克船长和其他的航海家一直都注意到了太平洋和南太平洋岛屿人民不凡的品位与才智。尤其是服装图案，"变幻无穷，让人们误以为他们莫不是除了自己的原创之外，还借鉴了哪个搜集了中国和欧洲最精美衣料的布店的图案。"他们的竹篮和垫子具有"成百上千的样式"，丰富的雕刻与贝壳雕饰也充满趣味，常常被人提及。参见《库克船长的三次航行》第二卷，伦敦，1841—1842 年。杜蒙·杜尔维（Domont D'Urville）的《南极之旅》第八卷，巴黎，1841 年。同上，《历史地图集》。普里查德的《人类自然史》，伦敦，1855 年。G. W. 厄尔的《印第安群岛的原住民》，伦敦，1852 年。科尔的《航海和旅行的历史与收藏》，伦敦，1811—1817 年。

所收束，就会有仿佛要滑落一般的视觉效果。只有中央镶条才如此设计，以至于不破坏整体的稳固感。

　　桨柄处呈凸肚状，增添了力量感，设计优美，大胆的环状设计鲜明地突出了隆起处的轮廓。

图 8 短棒，东方群岛

图 9 桨柄，大英博物馆

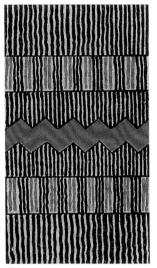

彩图 1-1
衣料，塔希提岛（原名 Otaheit），联合服务博物馆

彩图 1-2
草席，汤加塔布岛（Tongotabu），友情群岛

彩图 1-3
衣料，塔希提岛，联合服务博物馆

彩图 1-4
衣料，夏威夷群岛，联合服务博物馆

彩图 1-5
衣料，夏威夷群岛，大英博物馆

彩图 1-6
衣料，夏威夷群岛，大英博物馆

彩图 1-7
衣料，夏威夷群岛，大英博物馆

彩图 1-8
衣料，夏威夷群岛，大英博物馆

彩图 1-1

彩图 1-2

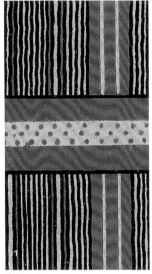

彩图 1-3

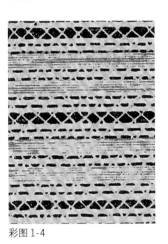

彩图 1-4

彩图 1-5

彩图 1-6

彩图 1-7

彩图 1-8

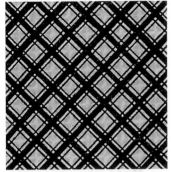

彩图 1-9

彩图 1-10

彩图 1-12

彩图 1-11

彩图 1-13

彩图 1-9
衣料，塔希提岛，联合服务博物馆

彩图 1-10
纸桑树制成的衣料，斐济岛，大英博物馆

彩图 1-11
布席，汤加塔布岛（Tongotabu），友情群岛

彩图 1-12
衣料，夏威夷群岛，大英博物馆

彩图 1-13
衣料

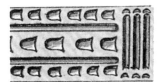

彩图 1-14

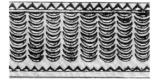

彩图 1-15

彩图 1-14
南美，联合服务博物馆

彩图 1-15
南太平洋群岛，联合
服务博物馆

彩图 1-16
夏威夷群岛，联合服
务博物馆

彩图 1-17
夏威夷群岛，联合服
务博物馆

彩图 1-18
夏威夷群岛，联合服
务博物馆

彩图 1-19
夏威夷群岛，联合服
务博物馆

彩图 1-20
夏威夷群岛，联合服
务博物馆

彩图 1-21
手斧，塔希提岛，联
合服务博物馆

彩图 1-22
镶嵌的盾，新赫布里
底群岛，联合服务博
物馆

彩图 1-23
鼓，友情群岛，联合
服务博物馆

彩图 1-24
手斧，塔希提岛，联
合服务博物馆

彩图 1-16

彩图 1-17

彩图 1-18

彩图 1-19

彩图 1-20

彩图 1-21

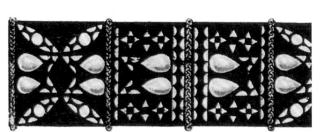

彩图 1-22

彩图 1-23

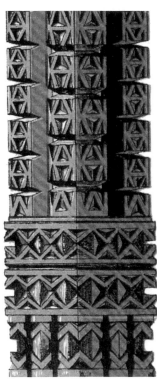

彩图 1-24

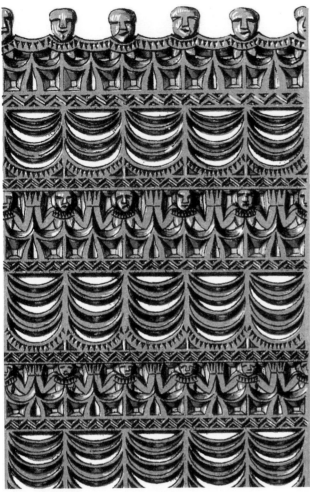

彩图 1-25

彩图 1-26

彩图 1-27

彩图 1-28

彩图 1-29

彩图 1-30

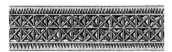

彩图 1-31

彩图 1-32

彩图 1-33

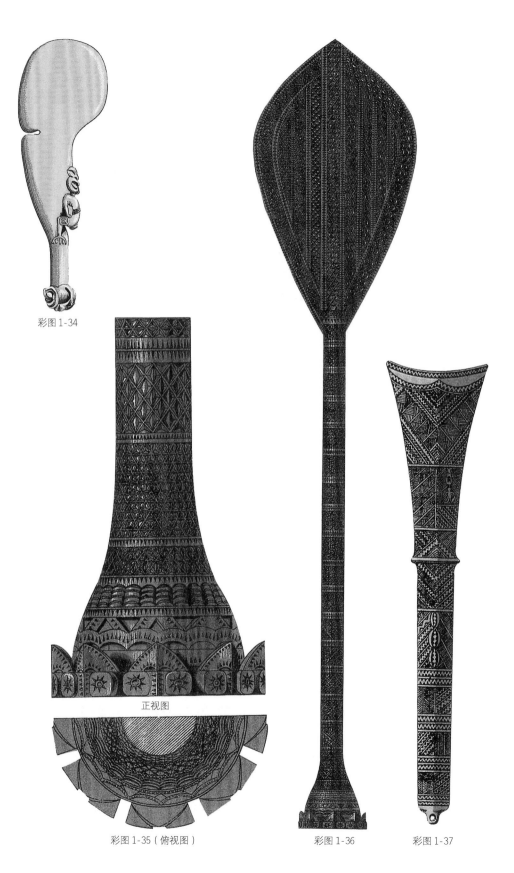

彩图 1-34
战斧（patoo-patoo）
新西兰，联合服务博
物馆

彩图 1-35
桨柄，彩图 1-36 的完
整放大版，联合服务
博物馆

彩图 1-36
船桨，新西兰，联合
服务博物馆

彩图 1-37
棍棒，夏威夷群岛，
联合服务博物馆

彩图 1-34

正视图

彩图 1-35（俯视图）

彩图 1-36

彩图 1-37

彩图 1-38

彩图 1-39

彩图 1-40

彩图 1-41

彩图 1-42

彩图 1-38
棍棒，夏威夷群岛，
联合服务博物馆

彩图 1-39
手斧，塔希提岛，联
合服务博物馆

彩图 1-40
战棍，南太平洋群岛，
联合服务博物馆

彩图 1-41
棍棒，斐济岛，联合
服务博物馆

彩图 1-42
战棍（或 Pajee），
新西兰，联合服务博
物馆

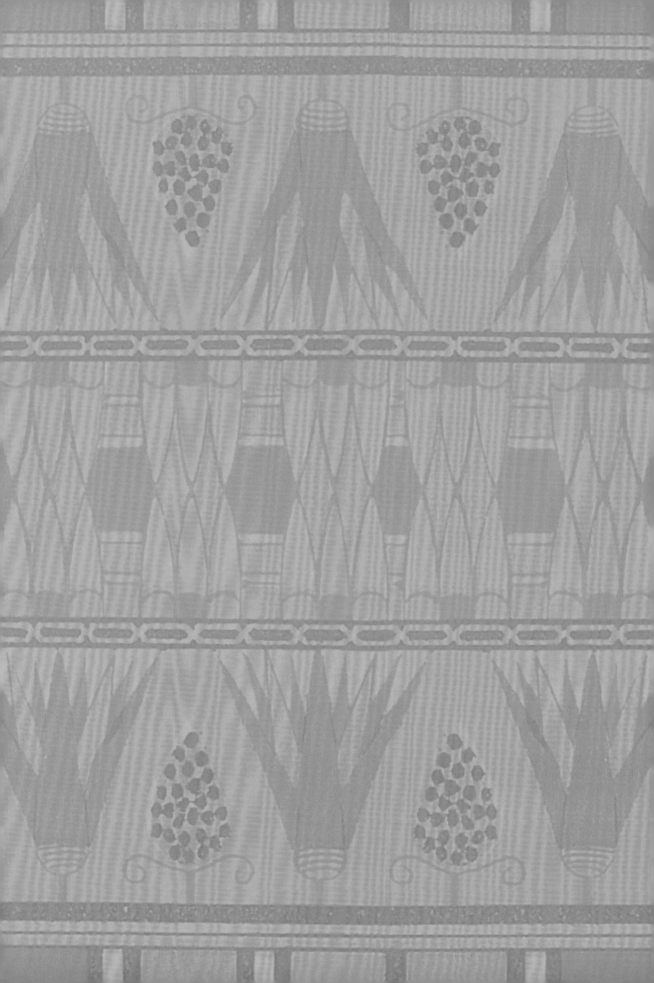

第二章　埃及装饰艺术

埃及的建筑别具一格，越是古老的名胜古迹，越是拥有无与伦比的艺术价值。我们所熟悉的那些遗迹只展现了埃及衰落期的艺术。这些基督时代前 2000 年矗立的殿堂楼阁也只是因袭前人，之前的建筑才更为悠久精美。历史太过久远，我们就难以追本溯源了：从埃及艺术这一元祖衍生出了希腊、罗马以及拜占庭艺术，还有其分支阿拉伯、摩尔和哥特艺术。于是我们相信，埃及建筑是纯粹的原创艺术风格，源自中非文明[2]，经过无数时代的变迁，登峰造极，而我们所看到的已经是之后衰落期遗留下来的了。尽管这些遗留品无法与不知其详的巅峰期相媲美，这点毋庸置疑，但它们却远超后世；埃及人只输给了自己的前人。其他任何的艺术风格，我们都能捋出它们发展的脉络：基于过去某种风格的萌芽期，迅速崛起的成长期，直至达到极盛期，这个时期会汲取或摒弃外来的影响，接下来便开始固步自封，进入缓慢的衰落期。但在埃及文化中，我们既看不到发展初期的迹象，也没看到外来的影响；因而我们不得不相信，埃及人是直接从大自然中汲取灵感的。在审视埃及的装饰艺术时，这一点更加得到了印证：埃及装饰艺术的类型十分有限，都是取于自然，且再现手法高度一致。当我们沿着历史的脉络审视艺术时，会发现越是后世的艺术，原创性的痕迹越是模糊。比如阿拉伯和摩尔式的装饰艺术，屡经后世的增删，已经难以探寻它们的源头。

生长于尼罗河畔的莲花和纸莎草象征了埃及人身体与精神的食粮；呈送到国王面前的稀有鸟类的羽毛象征着无上的君权；还有那茎部交错缠绕的棕榈枝：以上这些便是埃及装饰艺术的基本元素，在此基础上衍生了五花八门的图案，用以装饰神庙，宫殿，衣服，奢华的物品或朴素的日常用品；从进食用的木勺到承载逝者遗体的船只，这些遗体

---

〔2〕　在大英博物馆中珍藏了努比亚的卡拉布西（Kalabshee）神庙的浅浮雕作品，描绘了拉美西斯二世（Ramses II）征服了一群可能是埃塞俄比亚的黑人的情景。十分特别的是，这些黑人进贡给国王的礼品当中，除了豹皮和珍稀动物的皮革、象牙还有黄金之外，还包括了三张象牙雕椅，与国王所坐的椅子十分相似，由此可推测，埃及的那些精雕细琢的奢侈器物可能来自中非。

经过防腐处理，上头同样布满装饰，船只承载它们渡过尼罗河，将其送至最后的安息之地。他们的艺术形式如此贴近自然，效法自然；因而我们可以发现，无论埃及装饰多么世俗化，它们总是自然的。我们从不会发现他们的艺术有违反或僭越了自然法则的情况。另一方面，他们也并非一味循规蹈矩地模仿自然，从而毁坏了再现形式的界限。无论是雕刻在石头上优雅的柱头莲花，还是绘在墙壁上向神献祭的莲花，都不是能让人误以为真可以去采摘的那种，而是建筑形式的表达；这两种情况下的莲花都充分实现了其装饰目的，它们栩栩如生，引发了诗意的想象，同时又不会破坏人们心中对艺术再现手法的理解。

埃及的装饰艺术分为三种：第一种是构筑性装饰，它们既是建筑本身的一部分，其外部又覆有精美的装饰；第二种是再现性装饰，是约定俗成的表现形式；第三种是纯装饰性质的。正如我们所观察到的，无论何种类型的装饰都是基于几种基本形态，并且具有象征性，它们在整个埃及文明史当中鲜有变化。

第一种是构筑性装饰，指的是支撑物和墙顶部的装饰。无论是只有几英尺高的柱子，还是像卢克索（Luxor）和卡纳克（Karnac）的四十或六十英尺高的柱子，它们都是模仿纸莎草的扩大版：柱基象征纸莎草的根部；柱身象征纸莎草的茎部；柱头则象征着盛开的纸莎草花，由一束束较小的植物所环绕（彩图2-43）。一丛纸莎草可以用一列柱子来象征，也可以用一根柱子来表现，例如彩图2-15，表现了一丛不同生长阶段的纸莎草，如果我们将这些直立的植物用绳子捆束起来，就成了埃及柱式里的柱身和华丽的柱头。此外，彩图2-5，2-9，2-10，2-11和2-12，都是埃及神庙中的流丹绣柱，匠心独运，让人尽收眼底。

我们不妨想象，用当地的花草来围饰简陋庙宇中的木柱，似乎是埃及人的一种早期习俗；当这种艺术形式逐渐稳固下来，这种习俗便融入到了石柱样式中。这些石柱早先被视为圣物，宗教法则不允许更改它们，但是从彩图2-38~2-45中可以看出，这一主导的设计思路并非一成不变。我们所遴选的图例中，莲花和纸莎草构成了15种造型的柱头，这些设计的变幻如此巧妙，多么值得我们借鉴。从希腊时代直至今日，我们都满足于所谓的古典主义，即所有建筑的柱头都呈倒钟形，上面围有叶形饰，变化的只是叶片的雕饰或那优雅的钟形的比例，整体设计则很少有变动。正是如此，才有了埃及柱头的变化，先用一圈叶子围饰，接着外围再用 4 圈、8 圈或 16 圈叶片来装饰。倘若对科林斯柱头也进行这种变动，同时保留倒钟形和叶形饰，便会呈现一种焕然一新的柱头样式。

埃及柱式中的环形柱身，保持了纸莎草茎秆的三角形形状，三根凸起的线条将圆周分成三等份；倘若采用的是四柱式或八柱式的多柱样式时，每一根外部都有一条明显的棱线。埃及建筑的顶端或檐口饰以羽毛，象征君权；檐口中央则是双翼球体，是神圣的象征。

埃及的第二种装饰艺术是庙宇陵墓墙上的壁画，画中描绘的是真实事物；然而在这些壁画中，无论描绘的是献神的祭品，各种各样的生活用品，还是家庭生活场景，其中每一朵花，每一个事物并非以写实的手法呈现，而是理想化地再现。这些装饰兼具了记录事实和装饰建筑的功用，即便是旁边注释绘画的象形文字，也以对称排列，增添了整体的几何布局效果。彩图 2-4 呈现了国王手中握着的三株纸莎草、三朵莲花和两个莲花花苞，为祭祀所用。设计均衡对称，优雅大方，可以看出，这是埃及人约定俗成的对莲花和纸莎草的描绘手法，遵循自然法则，比如叶片的放射和上头所有的脉络，从茎部优雅地舒展开来。埃及人不仅对个别花朵的描绘符合自然法则，对成群的花束亦是如此，除了彩案 2-4 以外，彩案 2-13，2-14 以及 2-16 中所示的沙漠植物的描绘也遵循同样的原理。在彩图 2-25 和 2-26 中，羽毛是埃及人的另一种装饰元素，埃及人从羽毛的自然排列中也学到了同样的布局原理（彩图 2-32 和 2-34）；彩图 2-22 和 2-23 也采用了同样的手法，是埃及常见的棕榈枝的诸多表现形式中的一种。

埃及的第三种装饰艺术是纯装饰性质的，虽然看起来它只是纯装饰而已，但毫无疑问它也有自身的法则和应用的意图，只不过不是很显而易见。彩图 2-55~2-106 便属于这一类型的装饰，取自陵墓、服装、器皿和石棺上的绘图。它们的独特之处在于匀称合度，布局完满。我们提到的几种基本元素竟可以衍生出如此繁多的样式，实在令人称奇。

彩图 2-107~2-130 中室内天顶的装饰图案似乎是复制了编织图案，如同模仿自然的再现手法一样，每一个民族进行装饰创造的第一步似乎都是如此。人们最早编织秸秆或树皮，是为了制成衣服覆体、遮盖简陋的住所、铺垫休憩的地面，人们一开始运用不同颜色的秸秆和树皮，之后人工染料取而代之，于是萌发了最初的装饰概念与几何布局的思维。彩图 2-107~2-110 取自埃及绘画，展现的是国王脚下的地毯。彩图 2-115，2-116 和 2-118 表明了用同样的方法制作希腊回纹也不是什么难事。各种类型的建筑中都常见到这种装饰，甚至在原始部落的早期装饰中也能见到它的身影，进一步证明了这些回纹饰都有相似的起源。

将相同的线条等分而成的样式，比如通过编织，让人们有了对称、布局、构图和分布的初步感受。埃及人在进行大面积装饰的时候，一直都恪守几何布局。曲线很少见到，他们从不尝试如此构图；尽管这种涡旋纹饰的雏形已经存在于埃及的绳索纹饰中了（彩图 2-140，2-143~146，2-148~154，2-155，2-156，2-158，2-161）。图中绳索的几圈盘旋也还是几何布局；然而卷开的绳索才形成了一种原型，从中衍生出了后来那么多美轮美奂的风格。因此我们可以大胆地宣称，尽管埃及艺术是最古老的艺术，却具有真正意义上的完美艺术风格所有的必备条件。或许对我们来说，埃及的艺术语言显得陌生怪异，太过僵硬严正；但它所传达的思想和道理却是最有智慧的。当我们审视其他艺术风格的时候会发现，只有当追随埃及人的脚步，像埃及人一样观照每一朵舒展的花朵背后的原理的时候，艺术才可能臻于完美。正如大自然中的花朵都有自己的香气一样，每种装饰也应该有自己独特的风味，这样才能用得恰到好处。装饰应与建筑的优美及其形式变化的和谐相媲美，同时又要保证比例匀称且部分之间的配置符合原型。倘若装饰作品缺少了以上的任何一项特征，我们便可以肯定这是从别处模仿来的，模仿复制的过程中，原创作品中那种生动气韵已经遗失了。

埃及建筑全部是彩色的——一切都着了色，这一方面我们有很多学习之处。他们采用平涂，不使用光影明暗，却能让人轻易辨出他们要描绘的对象，并激起观赏者心中诗意的感受。他们使用色彩的方式和图案样式一样是程式化的。对比一下莲花（彩图 2-109）和自然界中的花朵（彩图 2-107）就会发现，艺术再现中的莲花多么绚丽迷人！外部的叶片与内部被覆盖的叶片分别用深绿和浅绿区分开来，黄色背景中浮动的红叶象征了紫、黄两色的花苞，最能让人联想到真实的莲花那黄色的花苞了。艺术为自然增色，为人的联想活动带来了另一层精神上的享受。

埃及人主要使用红、黄、蓝三色，并且用黑、白两色勾勒其他颜色；一般绿色用得比较多，比如莲花的绿叶，但通常用在局部而不是大面积使用。而蓝、绿两色的使用无所谓孰优孰劣：更古老的时代习惯用蓝色，托勒密时代更习惯用绿色，这一时代也流行起了紫色和棕色，但是并不持久。在希腊和罗马时期发现的木乃伊陵墓上也出现了红色，色调比远古时期更淡；在艺术的古风时期，人们主要使用红、黄、蓝三原色，并且运用得最和谐自如，得心应手，这似乎是放诸四海皆准的事实。而当艺术发展成为一种传统实践而非发乎本能的时候，人们便倾向于使用不同间色、色相和色度，尽管鲜有成功的案例。在接下来的章节里也会经常提到这一点。

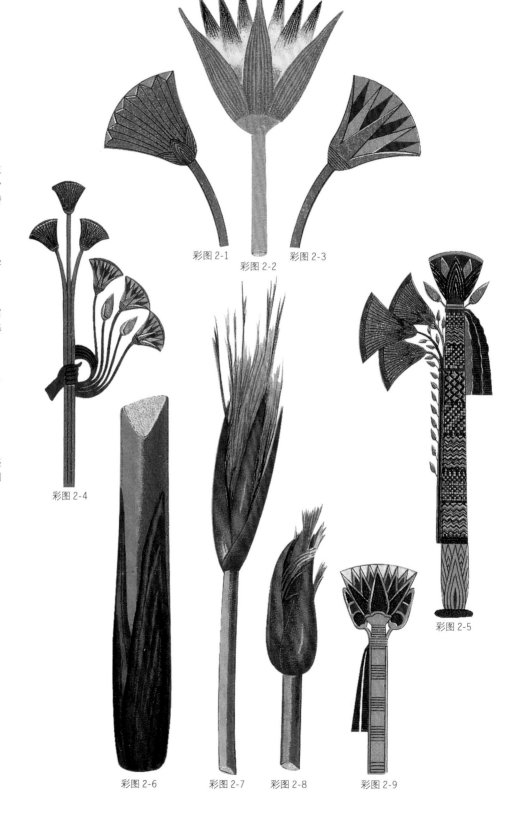

彩图 2-1
埃及对莲花的再现

彩图 2-2
莲花，写实再现

彩图 2-3
不同生长阶段的莲花

彩图 2-4
三株纸莎草植物，三
朵盛开的有两个花骨
朵的莲花，国王手持
莲花献神

彩图 2-5
柱形的莲花和花苞，
束有草垫，取自庙宇
门廊的绘画

彩图 2-6
纸莎草的茎根，写
实；埃及柱式的柱基
和柱身

彩图 2-7
纸莎草舒展开的花苞，
写实

彩图 2-8
同上，在生长初期

彩图 2-9
两个花骨朵和完全盛
开的莲花，用丝带捆
束，埃及柱头

彩图 2-1

彩图 2-2

彩图 2-3

彩图 2-4

彩图 2-5

彩图 2-6

彩图 2-7

彩图 2-8

彩图 2-9

彩图 2-13

彩图 2-14

彩图 2-10

彩图 2-11

彩图 2-12

彩图 2-10
纸莎草植物的埃及再现形式，埃及柱式完整的柱头、柱身和柱基

彩图 2-11
莲花和纸莎草，柱子的再现，束有草垫和条带

彩图 2-12
同上，添加了莲花苞，葡萄和常青藤

彩图 2-13
沙漠植物的再现

彩图 2-14
沙漠植物的另一种再现形式

彩图 2-15
生长在尼罗河的莲花和纸莎草的再现

彩图 2-16
莲花和花苞的埃及再现形式

彩图 2-17,18
纸莎草再现，取自埃及绘画

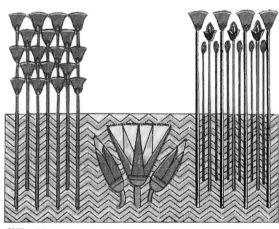

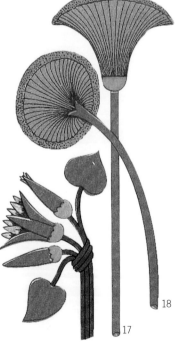

18

17

彩图 2-15

彩图 2-16

彩图 2-17,18

彩图 2-19
皇家马车的马冠上的
装饰羽毛

彩图 2-20
如上，有所变化，
来自阿布辛贝神殿
（Aboo-Simbel）

彩图 2-21
如莲花般的羽毛扇，
插在木瓶里

彩图 2-22
枯叶制成的扇子

彩图 2-23
同上

彩图 2-24
扇子

彩图 2-25
莲花的一种的再现

彩图 2-26
真实的莲花

彩图 2-27
皇家头饰

彩图 2-28
同上

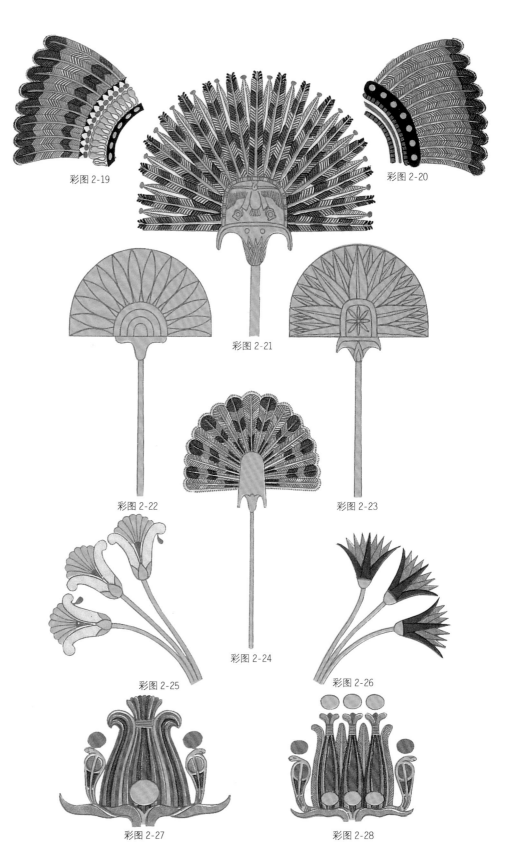

彩图 2-19

彩图 2-20

彩图 2-21

彩图 2-22

彩图 2-23

彩图 2-24

彩图 2-25

彩图 2-26

彩图 2-27

彩图 2-28

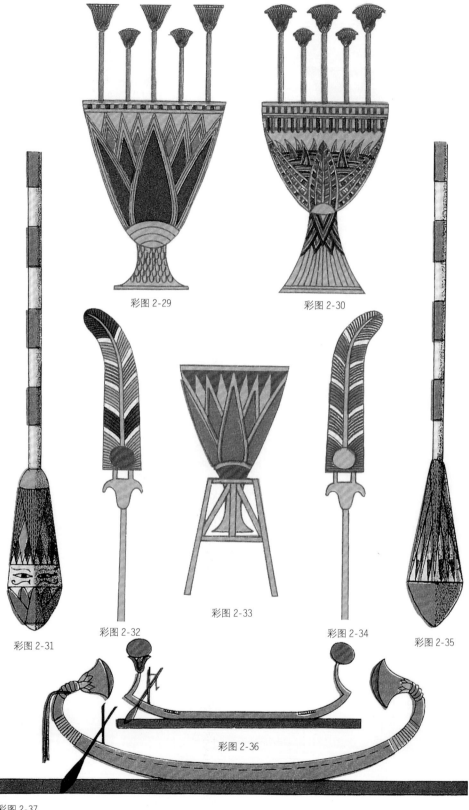

彩图 2-29
莲花形金色珐琅花瓶

彩图 2-30
莲花形金色珐琅花瓶

彩图 2-31
饰以莲花和眼睛的舵桨，象征神圣

彩图 2-32
法老时期官员佩戴的某种标志物

彩图 2-33
莲花形金色珐琅花瓶

彩图 2-34
另一种标志物

彩图 2-35
同上，另一种舵桨

彩图 2-36
以捆在一起的纸莎草制成的船

彩图 2-37
以捆在一起的纸莎草制成的船

彩图 2-29

彩图 2-30

彩图 2-33

彩图 2-31

彩图 2-32

彩图 2-34

彩图 2-35

彩图 2-36

彩图 2-37

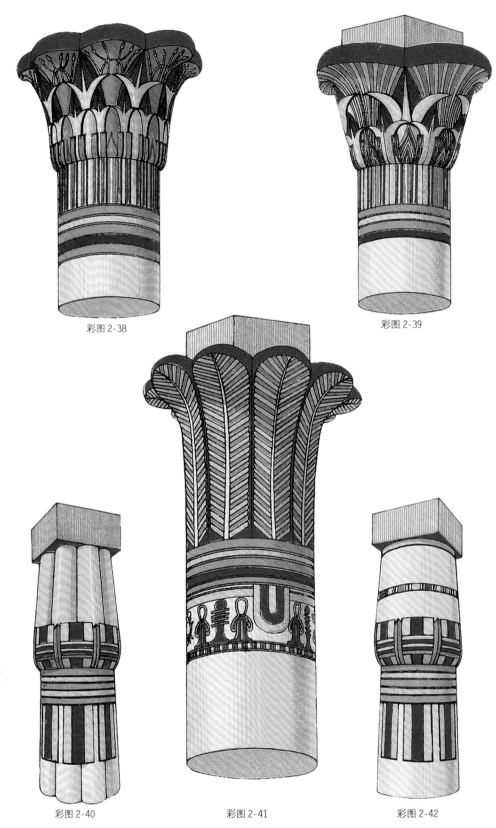

彩图 2-38
未完成的菲莱露天庙
宇中的柱头。包括三
层纸莎草植物，代表
三个不同生长阶段。
第一层是 8 个盛开的
和 8 个正在舒展的植
物；第二层是 16 个
正在舒展的花朵；第
三层是 32 个纸莎草
的花苞；总共是 64
株植物。每株植物的
根部可根据其大小和
颜色分辨，与之垂直
的水平饰带在下方将
柱身束在一起

彩图 2-39
菲莱岛的未完成的露
天神庙的柱头。罗马
时期，公元前 140 年。
包括三个生长阶段的
纸莎草，分三层；第
一层是 4 个盛开的较
大的纸莎草；第二层
是 8 个较小的舒展的
花朵；第三层是 16 个
花苞，总共是 32 株植
物。每株植物的根茎
部可根据其大小和茎
的颜色分辨，一直延
伸到水平饰带。见彩
图 2-5, 2-9, 2-11

彩图 2-40
卢克索庙宇中小型柱
头，公元前 1250 年。
象征捆束在一起的纸
莎草的八个花蕾，饰
有垂饰和彩色饰带

彩图 2-42
底比斯的 Memnomium
小型柱头，公元前
1200 年。象征纸莎草
花苞，饰有垂直彩色
饰带，在彩图 2-5, 2-9,
2-11 中可见其彩色版

彩图 2-38

彩图 2-39

彩图 2-40

彩图 2-41

彩图 2-42

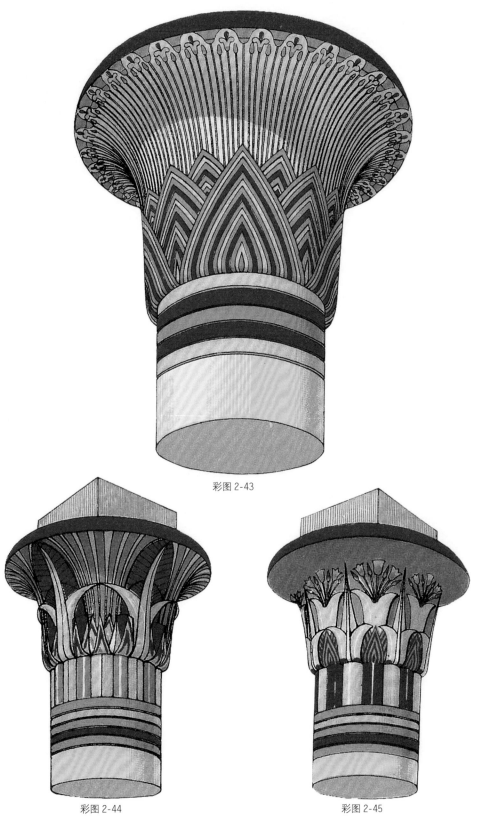

彩图 2-43

彩图 2-43
底比斯的卢克索庙宇的大型柱头，阿蒙诺夫三世（Amunoph III）时期，公元前1250年。代表了盛开的纸莎草，四周交替着纸莎草和莲花花苞

彩图 2-44
菲莱岛主殿的柱头。象征两层纸莎草，三个不同的生长阶段。第一层包括了8株植物，4个盛开和4个舒展的植物；第二层包括了8个花苞：一共组成了16株植物。这个柱头上的环形没有像彩图2-38当中的环形那样被切隔开

彩图 2-45
考姆翁布（Koom-Ombos）神庙的柱头。盛开的纸莎草，围绕饰有各种花朵

彩图 2-44

彩图 2-45

彩图 2-46
底比斯绿洲中的神庙
柱头。代表一系列水
生植物，三角形茎秆
缠绕着一株盛开的纸
莎草

彩图 2-47
艾德福（Adfu）神庙
门廊的柱头，公元前
145 年，与彩图 2-46
结构相似

彩图 2-48
菲莱岛上柱廊的柱头。
象征三层捆束在一起
的 16 株莲花，立面图

彩图 2-49
底比斯绿洲神庙中的
柱头

彩图 2-50
菲莱岛主殿里的柱头，
公元前 106 年。被不
同生长阶段的小纸莎
草包围的盛开的纸莎
草

彩图 2-46

彩图 2-47

彩图 2-48

彩图 2-49

彩图 2-50

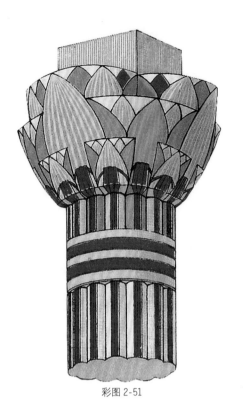

彩图 2-51

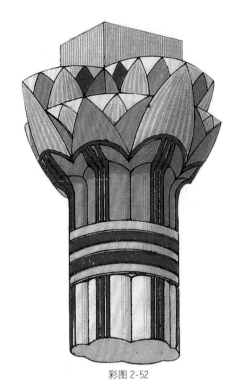

彩图 2-51
彩图 2-48 的立体图

彩图 2-52
底比斯绿洲中神庙的
柱头，象征两层捆束
在一起的 8 株莲花

彩图 2-52

彩图 2-53

彩图 2-54

彩图 2-55
贝尼哈珊（Benihas-san）陵墓墙壁顶端装饰

彩图 2-56
同上

彩图 2-57
同上，来自底比斯的卡纳克（Karnac）

彩图 2-58
同上，来自底比斯的古尔纳（Gourna）

彩图 2-59
同上，来自撒哈拉（Sakhara）

彩图 2-60
吉萨（Giza）金字塔附近早期陵墓的环形半圆式（torus）线脚装饰

彩图 2-61
取自木棺

彩图 2-62
取自木棺

彩图 2-63
取自木棺

彩图 2-64
取自埃尔·卡布（El Kab）陵墓

彩图 2-65
取自贝尼哈珊陵墓

彩图 2-66
取自古尔纳陵墓

彩图 2-67
同上

彩图 2-68
取自一条项圈

彩图 2-69
取自陵墓紧贴天顶下方墙壁上的装饰，古尔纳

彩图 2-70，71，72
项圈的一部分

彩图 2-73
项圈的一部分

彩图 2-74
取自陵墓墙壁

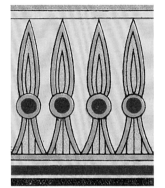

彩图 2-55

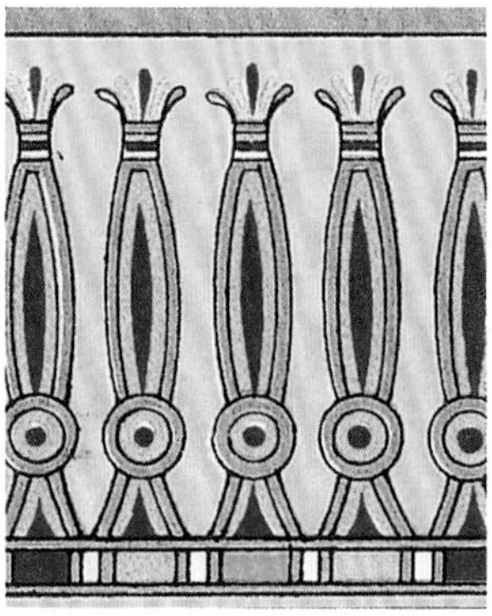

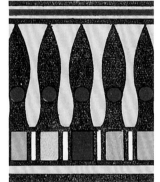

彩图 2-56

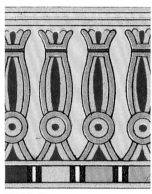

彩图 2-57

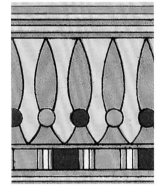

彩图 2-58

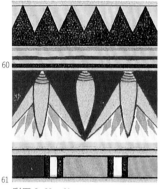

彩图 2-59

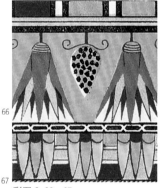

60
61
彩图 2-60，61

62
63
彩图 2-62，63

64
65
彩图 2-64，65

66
67
彩图 2-66，67

68
69
彩图 2-68，69

70
71
72
彩图 2-70，71，72

73
74
彩图 2-73，74

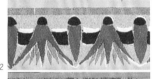

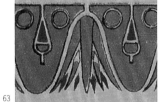

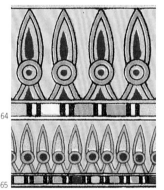

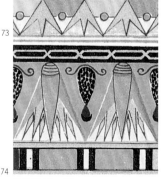

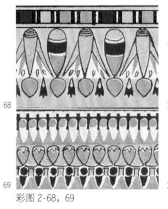

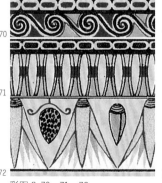

彩图 2-75

彩图 2-76

彩图 2-77

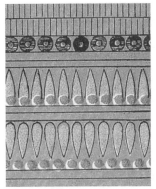

彩图 2-78

彩图 2-79

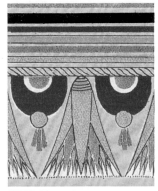

彩图 2-80

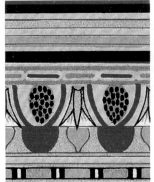

彩图 2-81

彩图 2-82

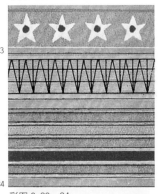

彩图 2-83，84

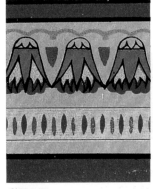

彩图 2-85

彩图 2-86

彩图 2-87，88

彩图 2-75，78
取自一条项圈

彩图 2-76
取自陵墓墙壁上半部
分，撒哈拉

彩图 2-77
同上，底比斯

彩图 2-79
取自陵墓的墙壁，古
尔纳

彩图 2-80，82
取自石棺

彩图 2-81
取自陵墓的墙壁

彩图 2-83
取自一幅画的上半部分

彩图 2-84
墙裙上的线条

彩图 2-85
取自石棺，卢浮宫

彩图 2-86
取自陵墓的墙壁，古
尔纳，象征莲花，平
面图和立面图

彩图 2-87
取自哈布（Medinet
Haboo）神庙的天顶

彩图 2-88
陵墓墙裙的线条

彩图 2-55~59，2-63，
2-64 总是出现在陵墓和
神庙立面墙壁的上半部
分。彩图 2-61~63，2-
66，2-68，2-72，2-74
属于同样的原型，即倒
垂的莲花，中间插有一
串串葡萄。这种一成不
变的埃及装饰图案有些
类似于希腊线脚，一般
被称为卵形 - 舌形交替
式 线 脚（egg-and-tou-
gue），或卵形 - 飞镖形
交替式线脚（egg-and-
dart），无疑希腊线脚
源自这种埃及线脚。彩
图 2-67，2-69，2-78，2-
86 展示了埃及的另外
一种分离开来的莲叶
图案

027

彩图 2-89~106
这些图案取自藏于大英博物馆和卢浮宫的木乃伊棺椁，正如P26~27 中的图案，P28~29 的图案多为莲花和单独的莲叶。彩图 2-89 中，莲叶上方的黑色背景中的白色图案在陵墓中十分常见，仿佛双股绳索；彩图 2-95 中的格纹是最早期的装饰图案，明显源自彩色编织绳股。彩图 2-106 的下半部分是一种源自羽毛的比较常见的装饰图案

彩图 2-89

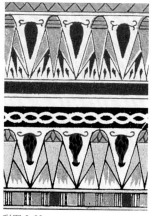

彩图 2-90

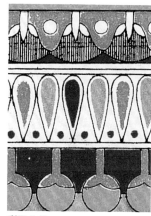

彩图 2-91

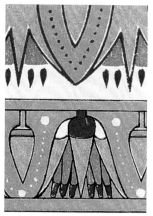

彩图 2-92

彩图 2-93

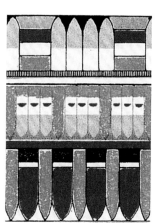

彩图 2-94

彩图 2-95

彩图 2-96

彩图 2-97

彩图 2-98

彩图 2-99

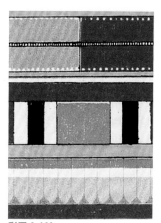

彩图 2-100

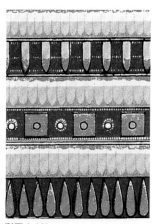

彩图 2-101

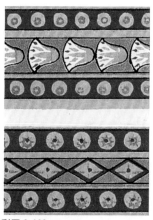

彩图 2-102

彩图 2-103

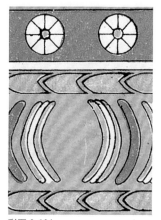

彩图 2-104

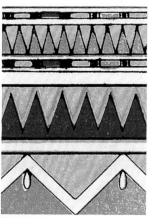

彩图 2-105

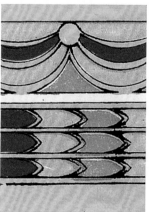

彩图 2-106

这张彩图上的图案取自埃及不同地区陵墓的原始壁画。这些样式大多可以用织布机织出来，无疑它们大多源自织物。

彩图 2-107~115 是国王脚下的草垫。它们是彩色草束编织而成

彩图 2-116~2-118 这种图案很快过渡到彩图 2-115~118,2-123~125 以及彩图 2-127 那样的图案，后者模仿了日常编织品

彩图 2-115,116 让人联想起希腊的回纹饰，除非是希腊人用同样的方式独立发明了回纹饰，否则二者之间的借用关系是不言自明的

彩图 2-107

彩图 2-108

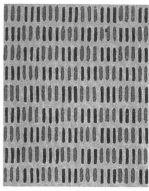

彩图 2-109

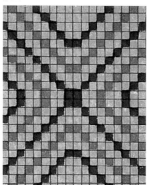

彩图 2-110

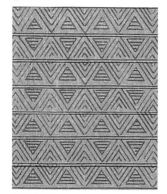

彩图 2-111

彩图 2-112

彩图 2-113

彩图 2-114

彩图 2-115

彩图 2-116

彩图 2-117

彩图 2-118

彩图 2-119

彩图 2-120

彩图 2-121

彩图 2-122

彩图 2-123

彩图 2-124

彩图 2-125

彩图 2-126

彩图 2-127

彩图 2-128

彩图 2-129

彩图 2-130

彩图 2-119~121
是国王脚下的草垫。
它们是彩色草束编织
而成

彩图 2-122
是国王脚下的草垫。
它们是彩色草束编织
而成

彩图 2-126
取自古尔纳陵墓的天
顶。是花园走道上覆
有葡萄藤的格纹图案。
小陵墓的弧形天顶经
常覆满了这种图案，
常见于第十九代王朝
时期

彩图 2-128~130
取自木乃伊棺柩，晚
期作品，藏于卢浮宫

彩图 2-131~133
取自木乃伊棺椁，藏
于卢浮宫，晚期作品。
单片莲叶的几何构图

彩图 2-134，2-135
取自木乃伊棺椁，藏
于卢浮宫，晚期作品。
单片莲叶的几何构图

彩图 2-136
取自底比斯陵墓。每
个圆环由 4 个莲花和
4 个花苞构成，间隔
的星状图案可能象征
着四片莲叶

彩图 2-137
取自底比斯陵墓

彩图 2-138，2-139
取自木乃伊棺椁

彩图 2-140~154
埃及不同地区陵墓
天顶的图案。彩图
2-140，2-143~146，和
2-148~153 是松散开
的绳索的多种表现形
式，可能是涡旋形饰
的雏形。彩图 2-154
中连续的蓝线显然属
于同一类型

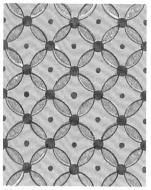

彩图 2-131

彩图 2-132

彩图 2-133

彩图 2-134

彩图 2-135

彩图 2-136

彩图 2-137

彩图 2-138

彩图 2-139

彩图 2-140

彩图 2-141

彩图 2-142

彩图 2-143

彩图 2-144

彩图 2-145

彩图 2-146

彩图 2-147

彩图 2-148

彩图 2-149

彩图 2-150

彩图 2-151

彩图 2-152

彩图 2-153

彩图 2-154

彩图2-155，2-158~160，
2-161
取自底比斯陵墓，是
P32~33上的绳索图案
的更多样式

彩图2-156~157是星
状图案的变体，在陵
墓和神庙的天顶上十
分常见。彩图2-156
以方格形式排列，彩
图2-157以等边三角
形形式排列

彩图2-163
取自木乃伊棺枢

彩图2-164
国王王袍上的绣花图案

彩图2-165，2-166
取自陵墓壁画的边框

彩图2-155

彩图2-156

彩图2-157

彩图2-158

彩图2-159

彩图2-160

彩图2-161

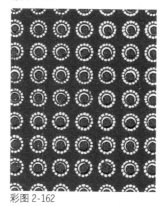

彩图2-162

彩图2-163

彩图2-164

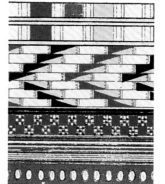

彩图2-165

彩图2-166

彩图 2-167

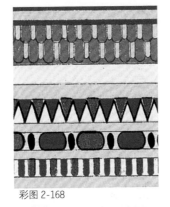

彩图 2-168

彩图 2-169

彩图 2-167~170
取自陵墓壁画的边框

彩图 2-171
毕班·穆拉克（Biban el Moluk）皇家陵墓中人物服饰上的图案，象征埃及英雄和神明佩戴的盔甲

彩图 2-172~174
相似图案，可能都是羽毛饰

彩图 2-175
埃及阿蒙神服饰上的装饰，来自阿布辛贝（Aboosimbel）神庙

彩图 2-176
卢浮宫收藏的残片上的图案

彩图 2-177
来自拉美西斯陵墓墙裙上的图案，毕班·穆拉克，可能是纸莎草丛，因为晚期的墙裙同一位置上的图案是纸莎草的花苞和花朵

彩图 2-178
来自吉萨古墓，莱普修斯（Lepsius）博士挖掘。上半部分象征着典型的埃及环形半圆式线脚；下半部分是同一陵墓的墙裙，可见在绘画中模仿木质纹路的手法古已有之

彩图 2-170

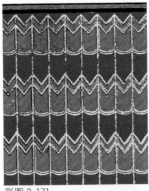

彩图 2-171

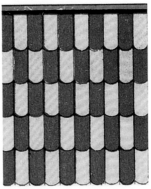

彩图 2-172

彩图 2-173

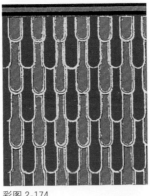

彩图 2-174

彩图 2-175

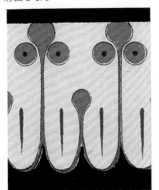

彩图 2-176

彩图 2-177

彩图 2-178

第三章　亚述和波斯的装饰艺术

　　博塔（Botta）先生和莱亚德先生对亚述宫殿遗迹的发掘硕果颇丰，但这些公之于众的遗留品还不足以让我们揭开远古亚述艺术的原貌。正如埃及遗迹一样，我们已经挖掘出来的亚述遗迹只是其衰落期的作品，远非巅峰之作。我们所知的亚述艺术或是舶来文化，或是尚待发掘的更高艺术形式的雪泥鸿爪。我们有充分的理由相信，亚述艺术并非是原创风格，而是借鉴埃及艺术的同时，糅合了亚述人自己的宗教习俗。

图 10　埃及人　　　　　　　　　　　　　　图 11　亚述人

　　倘若我们对比一下尼尼微（Nineveh）和埃及的浅浮雕，便不得不惊叹于二者惊人的相似之处；它们不仅表现形式相同，内容也往往十分相似，很难让人相信这两种风格是由两个民族独立发展出来的。

图 12　埃及人　　　　　　　　　　　　　图 13　亚述人

在表现河流、树木、沦陷的城邦、一众囚犯、战争和坐在战车上的国王的场景的时候，亚述和埃及几乎如出一辙——唯一的不同在于两个民族各自的风俗习惯，但呈现出来的艺术风格则并无二致。亚述雕塑似乎是继承了埃及的风格，然而它并没有更上一层楼，反倒比埃及艺术逊色了，亚述艺术之于埃及艺术，正如罗马艺术之于希腊艺术一样。埃及雕塑从法老时期到希腊和罗马时期经历了缓慢的衰落：那流畅自如的线条逐渐变得简陋僵硬；人们最初对壮硕四肢的表现是点到为止的，后来却流于夸张；后人抛弃了传统，尝试写实却不得要领。到了亚述雕塑更是不如以往，尽管整体布局和单个人物的造型姿势依旧合乎传统，但亚述人却开始追求四肢的肌肉和肉体的圆润感，这正是所有艺术形式衰微的征兆，艺术应该是对自然的升华，而非机械地模仿。正如很多现代雕塑与《米洛的维纳斯》（Venus de Milo）判然有别一样，托勒密王朝的浅浮雕与法老时期的浅浮雕也是高下立断。

我们认为，亚述装饰同样也体现了这种处于衰落期的拿来主义风格。诚然，我们对亚述装饰的了解还不充分，亚述宫殿里装饰最丰富的部分是墙壁和天花板的顶部，然而这部分已经湮灭在历史的尘埃中了。但毋庸置疑的是，亚述建筑装饰同埃及建筑装饰一样丰富华丽：没有一面亚述或埃及建筑的墙壁是空空如也的，它们布满了壁画或文字，哪怕无法用壁画或文字来装饰，也要添加纯装饰图案来保持整体的艺术效果。我们保留下来了的图案取自浅浮雕里的人物服装，彩砖的碎片，青铜器具以及浅浮雕中的神树。然而我们没有留存下来任何的构筑装饰，比如柱子和其他的支撑物，因为这些雕梁绣柱全都灰飞烟灭、不可复现了。P44~45 中的构筑装饰来自波斯波利斯，显然是较晚时期的产物，受到了外来的影响，依照这种范式来重现亚述宫殿的构筑装饰可不是稳妥之选。

尽管亚述装饰艺术的基本元素与埃及不同，表现手法却是一致的。亚述人与埃及人的浮雕和绘画的装饰都是平面图案。他们很少使用立体浮雕，立体浮雕是希腊人的独特发明。立体浮雕被希腊人运用得恰到好处，在罗马时期已经被滥用，直到后来装饰美感尽失。拜占庭时期的浮雕又回归到了节制有度的状态，阿拉伯人则逐渐用得少了，到了摩尔时期就更难见到了。另一方面来看，罗马式浮雕也同样有别于早期哥特式浮雕，而早期哥特式浮雕又比后期哥特式浮雕艺术效果更佳，后期的浮雕表面过于雕饰，破坏了整体的恬静感。

除了彩图 3-1~14 中圣树上的菠萝以及彩图 3-2 和 3-6 中的彩饰莲花以外，其他的图案似乎并不是基于任何自然原型，进一步印证了亚述艺术并非原创这一观点。埃及装饰中所体现的放射与曲线相切的自然法则也见之于亚述装饰艺术，但没那么规整，更多是一种规范化行为，而非发乎本能。亚述人不如埃及人对自然体味之切，也不及希腊人对传统提炼之精。彩图 3-16 和彩图 3-17 中的彩饰手法，似乎希腊人也借鉴过，但在形式的严谨与疏密的调和方面亚述人远远落后于希腊人！

亚述人在绘饰上使用蓝色、红色、白色和黑色；在雕饰上使用蓝色、红色和金色；在釉砖上使用绿色、橙色、浅黄色、白色和黑色。

彩图 3-39~63 展示的是波斯波利斯的装饰，似乎是罗马风格的变体。彩图 3-41，3-42，3-44，3-45，和 3-46 是凹槽柱式的柱基，可见明显是受了罗马风格的影响。彩图 3-58，3-59，3-60，3-61 和 3-62 的装饰来自 Tak I bostan，设计原理与罗马装饰艺术一致，只有浮雕装饰的运用有所变化，如同拜占庭时期对罗马浮雕装饰成分的修正一样，图案中的作品与拜占庭的装饰艺术极为相似。

彩图 3-50 与 3-54 中的装饰来自 Bi Sutoun 的萨珊王朝柱式的柱头，轮廓是拜占庭式的，其中已经孕育了阿拉伯装饰和摩尔装饰的雏形。这是菱格纹饰的最早样本。埃及人和亚述人似乎习惯用线条的几何构图来进行大面积铺饰；头一次出现了重复使用曲线造型的图案，以及图案间主次叠套的表现手法。利用彩图 3-54 中的设计原理可以让我们创造出像开罗清真寺的穹顶和阿尔罕布拉宫的墙壁这样精巧别致的菱格纹饰。

图 14　萨珊王朝的柱头，Bi Sutoun——弗兰丁(Flandin)和考斯特(Coste)

彩图 3-1
雕饰路面，库雍吉克
（Kouyunjik）古城

彩图 3-2
雕饰路面，库雍吉克，
彩绘装饰，尼姆鲁德
（Nimroud）古城

彩图 3-3
彩绘装饰，尼姆鲁德

彩图 3-4
彩绘装饰，尼姆鲁德

彩图 3-5
彩绘装饰，尼姆鲁德

彩图 3-6
彩绘装饰，尼姆鲁德

彩图 3-7
彩绘装饰，尼姆鲁德

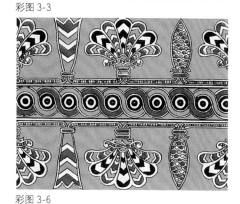

彩图 3-1

彩图 3-2

彩图 3-3

彩图 3-4

彩图 3-5

彩图 3-6

彩图 3-7

彩图 3-12

彩图 3-8

彩图 3-9

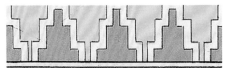

彩图 3-10

彩图 3-11

彩图 3-8
彩绘装饰，尼姆鲁德

彩图 3-9
彩绘装饰，尼姆鲁德

彩图 3-10
彩绘装饰，尼姆鲁德

彩图 3-11
彩绘装饰，尼姆鲁德

彩图 3-12~14
神树，尼姆鲁德
这些图案取自莱亚德
（Layard）先生伟大
的作品《尼尼微的丰
碑》彩图 3-3~8，3-10，
3-11 是其原著中的印
刷彩图。彩图 3-2 和
3-4 以及彩图 3-12，
3-13 和 3-14 中的三棵
神树仅有浮雕轮廓线
条。我们将其视为彩
绘图案，根据上述原
则为它们着色

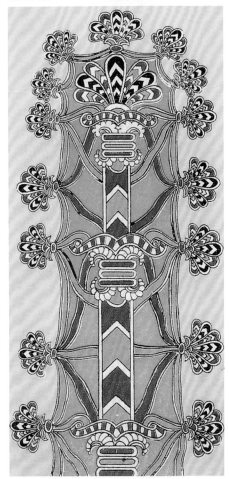

彩图 3-13

彩图 3-14

彩图 3-15~18
釉砖，取自科尔沙巴
德（Khorsabad）——
弗兰丁和考斯特

彩图 3-19
国王服饰上的图案，
取自科尔沙巴德——
弗兰丁和考斯特

彩图 3-20，3-21
国王服饰上的图案，同
上。弗兰丁和考斯特

彩图 3-22，3-23
青铜容器上的图案，
尼姆鲁德——莱亚德

彩图 3-24
取自科尔沙巴德——
莱亚德

彩图 3-25
釉砖，取自科尔沙巴
德——莱亚德

彩图 3-26
釉砖，取自科尔沙巴
德——弗兰丁和考斯
特

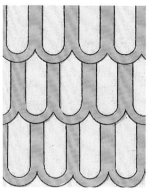

彩图 3-15

彩图 3-16

彩图 3-17

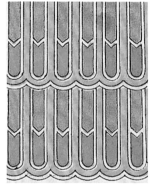

彩图 3-18

彩图 3-19

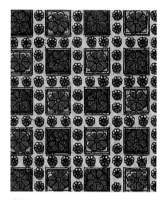

彩图 3-20

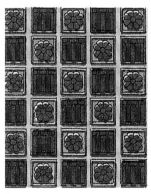

彩图 3-21

彩图 3-22

彩图 3-23

彩图 3-24

彩图 3-25

彩图 3-26

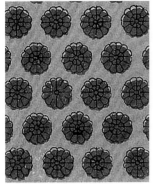

彩图 3-27

彩图 3-28

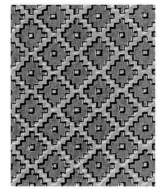

彩图 3-29

彩图 3-30

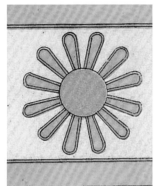

彩图 3-31

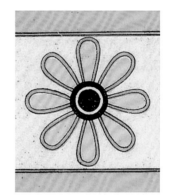

彩图 3-32

彩图 3-33

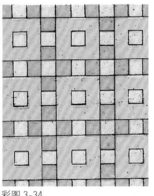

彩图 3-34

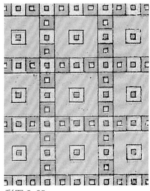

彩图 3-35

彩图 3-36

彩图 3-37

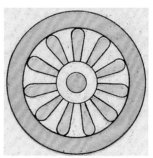

彩图 3-38

彩图 3-27
国王服饰上的图案，取自科尔沙巴德——弗兰丁和考斯特

彩图 3-28
釉砖，取自科尔沙巴德——弗兰丁和考斯特

彩图 3-29
锤子上的图案，科尔沙巴德——弗兰丁和考斯特

彩图 3-30
青铜容器上的图案，尼姆鲁德

彩图 3-31~35
釉砖，取自科尔沙巴德——弗兰丁和考斯特

彩图 3-36，3-37
青铜盾牌上的图案，同上。弗兰丁和考斯特

彩图 3-38
釉砖，取自科尔沙巴德——弗兰丁和考斯特

彩图 3-19~21，3-27
是皇袍上常见的绣花图案。我们根据这些样式为其着色。此页上剩余的图案是莱亚德先生、弗兰丁先生和考斯特先生原本出版的印刷作品中的原图

彩图 3-39
飞檐上的羽毛饰，彩图 3-46 的宫殿飞檐，波斯波利斯——弗兰丁和考斯特

彩图 3-40
彩图 3-51遗迹的柱基，波斯波利斯——弗兰丁和考斯特

彩图 3-43
彩图 3-40 的宫殿阶梯一侧的图案，波斯波利斯——弗兰丁和考斯特

彩图 3-41
彩图 3-40 的柱廊的柱基，波斯波利斯——弗兰丁和考斯特

彩图 3-44
彩图 3-40 的宫殿的柱基，波斯波利斯——弗兰丁和考斯特

彩图 3-45
彩图 3-39 的门廊的柱基，波斯波利斯——弗兰丁和考斯特

彩图 3-46
伊什塔克尔的柱基，弗兰丁和考斯特

彩图 3-47~50
萨珊王朝的柱头，Bi Sutoun。弗兰丁和考斯特

彩图 3-51~53
萨珊王朝的柱头，伊斯法罕（Ispanhan）——弗兰丁和考斯特

彩图 3-54
萨珊王朝的线脚，Bi Sutoun。弗兰丁和考斯特

彩图 3-39

彩图 3-40

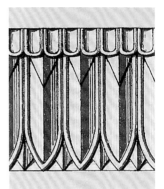
彩图 3-41

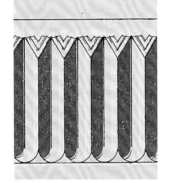
彩图 3-42

彩图 3-43

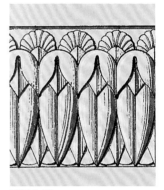
彩图 3-44

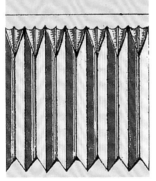
彩图 3-45

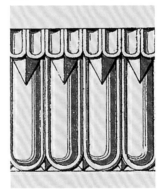
彩图 3-46

彩图 3-47

彩图 3-48

彩图 3-49

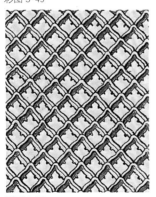
彩图 3-50

彩图 3-51

彩图 3-52

彩图 3-53

彩图 3-54

彩图 3-55

彩图 3-58

彩图 3-62

彩图 3-56

彩图 3-57

彩图 3-59

彩图 3-60

彩图 3-61

彩图 3-63

彩图 3-55
壁柱的柱头，Tak I Bostan。弗兰丁和考斯特

彩图 3-56，3-57
萨珊王朝的装饰图案，伊斯法罕。弗兰丁和考斯特

彩图 3-58
壁柱的上半部分，Tak I Bostan。弗兰丁和考斯特

彩图 3-59
拱门饰，Tak I Bostan。弗兰丁和考斯特

彩图 3-60
装饰图案，Tak I Bostan。弗兰丁和考斯特

彩图 3-61
萨珊王朝的柱头，伊斯法罕。弗兰丁和考斯特

彩图 3-62
壁柱，Tak I Bostan。弗兰丁和考斯特

彩图 3-63
萨珊王朝的柱头，伊斯法罕。弗兰丁和考斯特

第四章　希腊装饰艺术

　　我们已经了解了埃及装饰艺术直接从自然中汲取灵感，基于几种基本元素发展，并且在埃及整个文明进程中都保持不变，当然工艺水平有粗精之分，越是来源久远的建筑遗迹越是完满。我们也认为亚述艺术是外来艺术，并无原创性的痕迹，亚述艺术似乎是受了衰落期的埃及艺术的熏陶，因而更为衰颓。相反，希腊艺术尽管有一部分是借鉴了埃及艺术和亚述艺术，却能够革新变旧；希腊少了埃及和亚述时期宗教律法的束缚，很快便登峰造极，成为后世诸多优秀艺术风格的先导。希腊人将严谨的艺术形式推到了臻于完美的境界，从遗留下来的丰富的希腊宝藏中，我们可以发现，希腊作品普遍品味非凡，希腊的土地上汇聚了如此多的能工巧匠，心灵手巧的他们造就了这么多炫人眼目的瑰宝。

图 15　石碑的顶端——L. 福里米　　　　图 16　帕台农神庙大理石砖的一端——　　图 17　石碑的顶端——
　　　　（L. Vulliamy）　　　　　　　　　　　　　　L. 福里米　　　　　　　　　　　　L. 福里米

　　然而希腊装饰艺术中缺少了一样装饰必不可少的魅力所在，即象征意味。希腊装饰缺乏含义，是纯装饰性的而不具象征性，也几乎不具有构筑作用。各式各样的希腊建筑的表面极尽雕饰，早期通过彩绘，后期则雕刻与彩绘兼有。希腊人颇异于埃及人，并非将装饰与建筑融为一体，而是认为装饰是可以移除的，而建筑本身则保持不变。在科林斯柱式的柱头上，装饰是后添加上去的，而不是建筑的一部分；埃及柱式则不相同，埃及的整个柱头本身就是装饰，移除了任何一部分都会破坏它的美感。

希腊建筑雕刻炉火纯青，出神入圣，让人流连不已，但希腊人在实际创作时也频频逾矩。帕台农神庙檐口的横雕带高高在上，远看成了一道图案；当我们近距离观照时，不由被它的美所慑服，而艺术创作者似乎只顾为艺术而艺术，并不关心这细节之美能否被旁人捕捉到，一副得之为幸失之为命的态度。但我们不由叹息，它巧则巧矣，却滥用了艺术技法，从这一方面而言，希腊人不及埃及人，埃及时期建筑的凹刻浮雕更为高超。

我们很少能看到写实类的希腊艺术装饰，用来区分水陆的波纹饰和回纹饰是例外情况，还有比如彩图 4-193 中的这种传统的树饰，除此之外，很难找到有写实意味的作品。但在纯装饰上，希腊和伊特鲁里亚花瓶内容十分丰富，尚未发掘的神庙的彩饰亦是如此，毫无疑问，我们已经了解了希腊装饰的各个阶段。正如埃及艺术一样，希腊装饰有为数不多的几种基本元素，但是传统表现手法却并不向原型靠拢，而是更为变化。在著名的忍冬花饰中，看不到任何模仿的痕迹，而彰显了花朵生长背后的自然法则。观赏花瓶上的绘饰时，我们不由得相信，希腊画家笔下的叶子形态各异，画笔上扬或下转，都赋予

了叶片不同的形态，看起来略似忍冬花，可能并非是观照自然花朵描摹所至，而是后知后觉而已。P349 中的忍冬花何其不像！显而易见的是，希腊人对自然观察入微，虽然他们无意复

图 18

图 19　取自李西克拉特音乐纪念碑，雅典——L. 福里米

制或模仿，他们依旧效法自然。自然界中普遍存在的三大法则——母干放射、空间疏密调和以及曲线相切——总是运用得当，无论是高雅上乘之作，还是质朴平常之作，都完美无瑕，让人叹为观止，后人企图复制希腊装饰却鲜能成功，才知其不易。希腊装饰有一个特征，即多个卷轴饰的不同部分总是连在一条曲线上，形成一线生多卷的样式，正如雅典奖杯亭（Choragic Monument of Lysicrates）中的那样，这一特征被罗马人继承，又在拜占庭时代被摒弃。

在拜占庭、阿拉伯摩尔人和早期英国艺术风格中，花朵图案分布在一条曲线的两侧。这一图例表明对普遍原理做微小的变化都足以产生全新的样式与想法。罗马装饰还是一直在这个固定法则里打转。罗马装饰章节的开头就列出了一个很恰当的案例，可以作为其他所有罗马装饰的代表，在此图饰里，一个主干里衍生出涡旋纹饰，涡旋纹饰又连接在另一主干上，包围着花朵。拜占庭时代摆脱了固定法则的束缚，这一突破对装饰艺术的发展至关重要，正如罗马时期拱顶代替了横直的楣梁，或者哥特式建筑中引入了尖拱门设计一样。装饰风格的发展变化影响深远，如同发现了科学新原理，或是工业界有人有幸申请了新专利一样，很多新思想如雨后春笋般涌现，不断打磨、完善前人的基石。

彩图 4-202~234 展示的是希腊建筑遗留的彩饰。在绘画特征上这些图案与花瓶上的图案看起来并无差异。人们现在普遍达成的一个共识是，希腊白色大理石神庙上曾经布满彩饰。或许人们对雕刻部分的彩饰程度还多少存疑，但在线脚的装饰问题上是毫无疑问的。斑驳的色彩仍旧随处可寻，如果用石膏模压线脚的话，石膏模上还能留下色彩的印记。具体是什么颜色并不确定。专家权威总是见仁见智：有的地方一个人看成绿色，另一个人就可能看成蓝色；或是有人说金色的地方也有人觉得是棕色。然而有一点我们是比较肯定的，即这些线脚上的装饰因为距离地面很高，人眼看过去比例很小，所以一定要色彩鲜明才能从远处看也突出醒目。因此我们大胆地在彩图 4-211，4-213，4-214，4-215 和 4-233 上运用了这些颜色，之前出版的版本中都是白色大理石背景上饰以金色或棕色。

彩图 4-1~22 是一系列希腊回纹饰的变体，从彩图 4-3 这种简单样式到彩图 4-15 这种更错综繁复的样式不等。可以看到，通过线条直角弯曲可以产生的样式是很有限的。彩图 4-1 是一种简单的回纹饰，是一根线条朝一个方向的图案；彩图 4-11 的双回纹饰

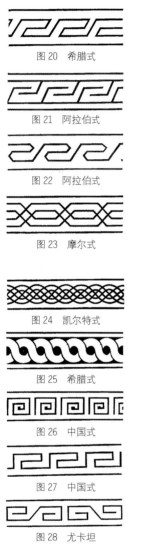

图 20　希腊式

图 21　阿拉伯式

图 22　阿拉伯式

图 23　摩尔式

图 24　凯尔特式

图 25　希腊式

图 26　中国式

图 27　中国式

图 28　尤卡坦

图 29　尤卡坦

当中，第二根线条与第一根线条交错而成；其他的图案都是通过将回纹按照不同方向叠加而成的，比如彩图 4-16；还有背对背排列的回纹饰，比如彩图 4-17 和彩图 4-22；抑或者组成封闭方格的回纹饰，比如彩图 4-19。其他的回纹饰都不够完满，因为都没有构成蜿蜒不断的样式。彩图 4-2 的倾斜回纹饰是希腊时期之后所有交织饰样的前导。自此衍生出了阿拉伯回纹饰，从阿拉伯回纹饰中又出现了五花八门的等距对角线相交的交错纹饰，摩尔人在阿尔罕布拉宫中将这种纹饰表现得淋漓尽致。

凯尔特人的绳结样式与摩尔式交织图案的不同之处在于，后者将对角线交错的线条从直线变成了曲线。灵感的种子一旦生根，便花开叶茂、百态横生。

希腊的绳结纹饰或许对阿拉伯人和摩尔人的交织装饰有一定的影响。

中国的回纹饰相比之下似乎逊色了。它们同希腊回纹饰一样，线条纵横交错构成，但是它们没有那么严谨，线条往往在横向上更延长，并且通常是零散断裂的，换言之，是一种又一种的重复或者叠加，而没有形成蜿蜒的波浪。

大英博物馆中陈列的墨西哥瓷器上的回纹饰，与希腊回纹饰十分相似，这里我们给出了一些例子。从卡瑟伍德（Catherwood）先生对尤卡坦建筑的展示中可以看出希腊回纹饰的一些变体：其中一个完全是希腊风格的。但是它们也是断裂式的，这一点和中国的回纹饰一样。在尤卡坦建筑中还发现了有一个斜线的回纹饰，比较特别。

彩图 4-23~46 的装饰展示了希腊花瓶中出现的多种传统叶纹饰。它们的样式同自然草叶相去甚远，是遵循着自然植物背后的普遍原理设计而成的，而非写实绘成的。彩图 4-24 的装饰是与忍冬花最为接近的——它也有忍冬花叶片边缘上卷的特殊样式，但很难说是刻意模仿。彩图 4-47~110 中的几个图案更贴近自然：月桂、常青藤和葡萄藤很容易分辨开来。彩图 4-111~201 进一步展示了大英博物馆和卢浮宫中花瓶瓶缘、瓶颈和瓶嘴的不同细节。它们是单色或双色，完全靠样式出彩：它们都有一种独特的造型，即一丛叶子或花朵都是从一个弯曲的母干线条上蔓延开来的，这个母干线条的两端都有一个涡旋的形状，所有从母干散发出来的线条都是相切的。每个叶片都是从这丛叶子中间放射出来的，每一片叶子都在放射处以精美的比例收束缩小。

图 30

每一片叶子都是一笔挥就的，造型各异，我们可以肯定没有任何机械工具的辅助，但已经能达到如此精湛的艺术水平，想到这一点，不得不让我们赞赏不已，当时那么多能工巧匠精准的手法，是现代人难以媲美的，无论如何模仿也难以达到一样的艺术效果。

图 31

图 32　大英博物馆中的墨西哥陶瓶上的装饰

彩图 4-1

彩图 4-2

彩图 4-1~14
希腊花瓶和路面上的
一系列回纹饰

彩图 4-3

彩图 4-4

彩图 4-5

彩图 4-6

彩图 4-7

彩图 4-8

彩图 4-9

彩图 4-10

彩图 4-11

彩图 4-12

彩图 4-13

彩图 4-14

彩图 4-15~22
希腊花瓶和路面上的
一系列回纹饰

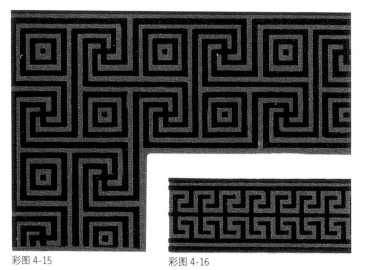

彩图 4-15

彩图 4-16

彩图 4-18

彩图 4-17

彩图 4-19

彩图 4-20

彩图 4-21

彩图 4-22

彩图 4-23

彩图 4-24

彩图 4-23~34
希腊与伊特鲁里亚花
瓶上的装饰，来自大
英博物馆和卢浮宫

彩图 4-25

彩图 4-26

彩图 4-27

彩图 4-28

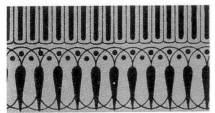

彩图 4-29

彩图 4-30

彩图 4-31

彩图 4-32

彩图 4-33

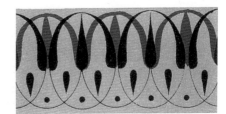

彩图 4-34

彩图 4-35~46
希腊与伊特鲁里亚花瓶上的装饰，来自大英博物馆和卢浮宫

彩图 4-35

彩图 4-36

彩图 4-37

彩图 4-38

彩图 4-39

彩图 4-40

彩图 4-41

彩图 4-42

彩图 4-43

彩图 4-44

彩图 4-45

彩图 4-46

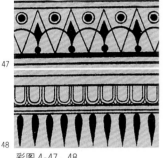

47

48

彩图 4-47，48

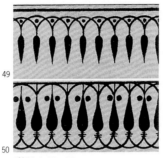

49

50

彩图 4-49，50

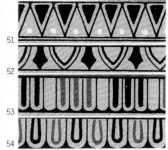

51

52

53

54

彩图 4-51，52，53，54

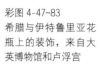

彩图 4-47~83
希腊与伊特鲁里亚花
瓶上的装饰，来自大
英博物馆和卢浮宫

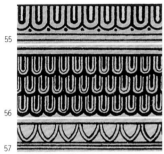

55

56

57

彩图 4-55，56，57

58

59

彩图 4-58，59

60

61

62

彩图 4-60，61，62

63

64

65

彩图 4-63，64，65

66

67

68

彩图 4-66，67，68

69

70

71

彩图 4-69，70，71

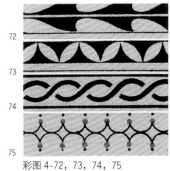

72

73

74

75

彩图 4-72，73，74，75

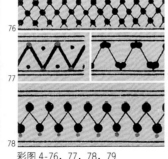

76

77

78

彩图 4-76，77，78，79

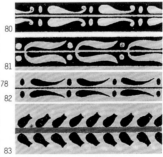

80

81

78

82

83

彩图 4-80，81，82，83

彩图 4-84~111
希腊与伊特鲁里亚花
瓶上的装饰，来自大
英博物馆和卢浮宫

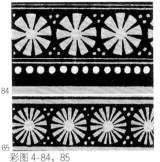

彩图 4-84, 85

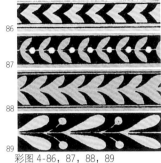

彩图 4-86, 87, 88, 89

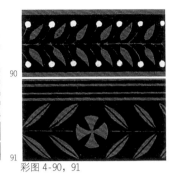

彩图 4-90, 91

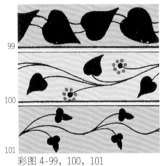

彩图 4-92, 93, 94

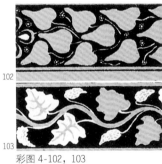

彩图 4-95, 96

彩图 4-97, 98

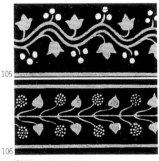

彩图 4-99, 100, 101

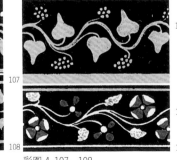

彩图 4-102, 103

彩图 4-104

彩图 4-105, 106

彩图 4-107, 108

彩图 4-109, 110, 111

彩图 4-112

彩图 4-113

彩图 4-114

彩图 4-112~122
希腊与伊特鲁里亚花
瓶上的装饰，来自大
英博物馆和卢浮宫

彩图 4-115

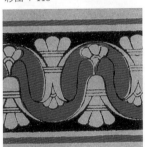

彩图 4-116

彩图 4-117

彩图 4-118

彩图 4-119

彩图 4-120

彩图 4-121

彩图 4-122

彩图 4-123~132
希腊与伊特鲁里亚花
瓶上的装饰，来自大
英博物馆和卢浮宫

彩图 4-123

彩图 4-124

彩图 4-125

彩图 4-126

彩图 4-127

彩图 4-128

彩图 4-129

彩图 4-130

彩图 4-131

彩图 4-132

彩图 4-133

彩图 4-139

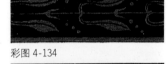

彩图 4-134

彩图 4-135

彩图 4-136

彩图 4-137

彩图 4-138

彩图 4-140

彩图 4-141

彩图 4-142

彩图 4-143

彩图 4-144

彩图 4-150

彩图 4-151

彩图 4-133~155
希腊与伊特鲁里亚花
瓶上的装饰，来自大
英博物馆和卢浮宫

彩图 4-145

彩图 4-146

彩图 4-147

彩图 4-148

彩图 4-152

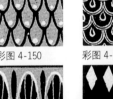

彩图 4-149

彩图 4-153

彩图 4-154

彩图 4-155

彩图 4-156~168
希腊与伊特鲁里亚花
瓶上的装饰，来自大
英博物馆和卢浮宫

彩图 4-156

彩图 4-157

彩图 4-158

彩图 4-159

彩图 4-160

彩图 4-161

彩图 4-162

彩图 4-163

彩图 4-164

彩图 4-165

彩图 4-166

彩图 4-167

彩图 4-168

彩图 4-169~181
希腊与伊特鲁里亚花
瓶上的装饰，来自大
英博物馆和卢浮宫

彩图 4-169

彩图 4-170

彩图 4-171

彩图 4-172

彩图 4-173

彩图 4-174

彩图 4-175

彩图 4-176

彩图 4-177

彩图 4-178

彩图 4-179

彩图 4-180

彩图 4-181

彩图 4-182~203
希腊与伊特鲁里亚花
瓶上的装饰，来自大
英博物馆和卢浮宫

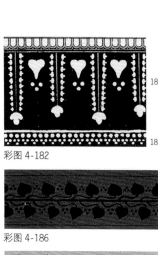

彩图 4-182

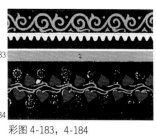

183

184

彩图 4-183，4-184

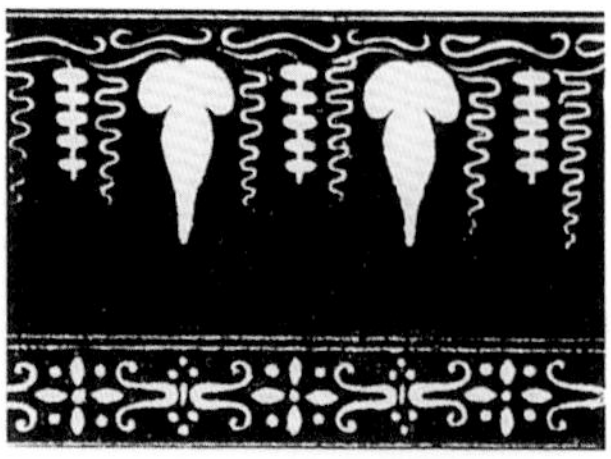

彩图 4-185

彩图 4-186

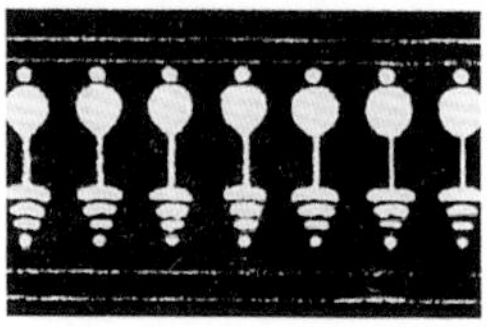

彩图 4-187

彩图 4-188

彩图 4-189

彩图 4-191

彩图 4-190

192

193

194

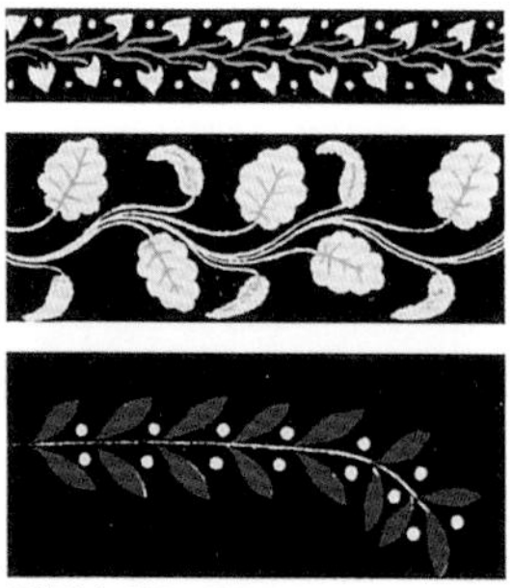

彩图 4-192，193，194

彩图 4-195

196

197

198

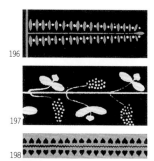

彩图 4-196，197，198

彩图 4-199

彩图 4-200

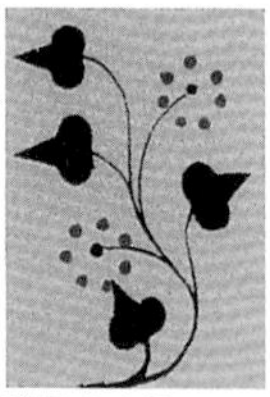

彩图 4-201

彩图 4-202

彩图 4-203

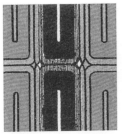

彩图 4-204

彩图 4-205

彩图 4-206

彩图 4-207

彩图 4-208

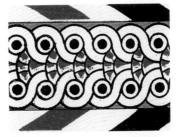

彩图 4-209

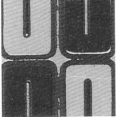

彩图 4-210

彩图 4-211

彩图 4-212

彩图 4-213

彩图 4-214

彩图 4-215

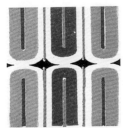

彩图 4-218

彩图 4-216

彩图 4-219

彩图 4-217

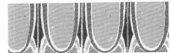

彩图 4-220

彩图 4-221

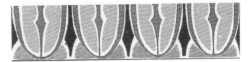

彩图 4-222

彩图 4-204
取自西西里的石棺——
希托夫（Hiltorff）

彩图 4-206~208
彩饰——希托夫

彩图 4-209
赤陶陶塑上的装饰

彩图 4-210
取自雅典卫城山门——
希托夫

彩图 4-211，212
彩饰——希托夫

彩图 4-213
取自雅典卫城山门——
希托夫

彩图 4-214
彩饰——希托夫

彩图 4-215
赤陶陶塑上的装饰

彩图 4-216，217
取自雅典卫城山门——
希托夫

彩图 4-218
取自西西里的石棺——
希托夫

彩图 4-219~222
取自雅典卫城山门——
希托夫

彩图 4-223~229
取自雅典卫城山门天
花板的镶板——彭罗
斯（Penrose）

彩图 4-232
帕台农神庙的倾斜
檐口处线脚彩饰——
L.福里米，后增了蓝
红两色

彩图 4-233-236
多种回纹饰，见之于
雅典各神庙，颜色为
后增

彩图 4-223

彩图 4-224

彩图 4-227

彩图 4-225

彩图 4-226

彩图 4-230

彩图 4-231

彩图 4-228

彩图 4-229

彩图 4-232

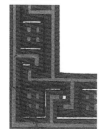

彩图 4-233

彩图 4-234

彩图 4-235

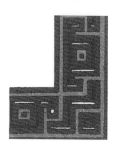

彩图 4-236

第五章　庞贝装饰艺术

扎恩（Zahn）无与伦比的著作以图文并茂、淋漓尽致的方式展示了庞贝的装饰艺术，我们只需借取他书中的两种彩图，来展现庞贝建筑装饰中占据主导地位的两种独特风格。彩图 5-1~48 无疑是希腊风格，用平涂的手法描绘出传统的装饰图案，或是在浅色背景上的深色图案，或是深色背景上的浅色图案，没有利用阴影或任何的浮雕；彩图 5-49~63 更具有罗马风格，以涡旋形的莨苕叶饰为背景，同时夹杂了写实的动植物图案。

如果读者想要全面了解庞贝装饰艺术，我们推荐扎恩先生的著作[3]。仔细阅读过后可以发现，这些作品变幻无常，似乎庞贝对任何的色彩与装饰理论都兼容并包。

庞贝房屋内墙一般都包括墙裙，高为墙高的六分之一，墙裙上方是宽壁柱，宽为墙裙的一半，将墙身分割为三块或更多块。壁柱由一条宽度不一的横雕带连接在一起，横雕带位于墙壁四分之三高的地方。墙的顶部一般为白色，是露天的意思，顶部装饰一般远不及墙的底部丰富，底部墙面极尽雕饰，维特鲁威（Vitruvius）就是从中汲取灵感的。在最优秀的范例中，从天顶往下的墙壁颜色是分层渐变的，到墙裙处以黑色收束，但这显然也不是固定不变的准则。我们遴选的扎恩先生书中的几幅彩图，反映出庞贝装饰艺术不拘一格的特征：

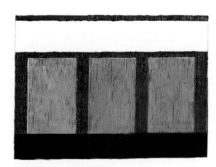

图 33　庞贝房屋内墙的图案

---

〔3〕　Les plus Beaux Ornemens et les Tableauz les plus Remarquables de Pompei, d'Iierculanum, et de Stabia, c, par Guilaume Zahn: Berlin, 1828

墙裙	壁柱	镶板	横雕带
黄	绿	红	黑
红	红	黑	紫
黑	黄	黑	红
黑	黄	绿	绿
蓝	黄	绿	绿
蓝	黄	蓝	蓝
黑	绿	黄或红 （交替使用）	白
黑	灰	黄或红 （交替使用）	黑
黑	黑	绿或红 （交替使用）	白

装饰效果最佳的组合是黑色墙裙，红色的壁柱与横雕带，以及黄色、蓝色或白色的镶板，横雕带以上的空间为白色，并有彩饰。最好在黑色背景上配以大面积蓝绿色图案，可偶有红色点缀，黄色更应保守使用。蓝色背景最好配以白色的细线与大面积的黄色。红色背景当配以绿色、白色和蓝色的细线条；红底上使用黄色似乎效果不佳，除非打了阴影。

庞贝建筑几乎涵盖了所有的色度与色调。红、黄、蓝不仅可以用在小面积的装饰图案上，也可以用于大面积的镶板和壁柱。然而庞贝建筑中的黄色偏橙色，红色往往混有蓝色。于是，庞贝人得以将强烈的色彩大胆地并置在一起，达到平衡冲和的效果——这多是因为周围辅以了间色和复色。

然而庞贝装饰艺术的整体风格是跳跃变化的，超出了真正艺术的范畴，很难用严谨的批判眼光来看待。它赏心悦目，但有时也近乎粗俗。庞贝艺术最大的魅力在于其轻盈写意、挥洒自如的手法，一般的绘画难以展现这一点，任何想复现庞贝艺术的仿作都不得要领。原因不言自明：庞贝的艺术家一边绘画一边创作，每一笔都是随心所至，不可复制。

迪格比·怀亚特（Digby Wyatt）先生对西德纳姆（Sydenham）水晶宫里的庞贝厅进行了重修，其他方面都忠于原貌，令人称奇，但却仅在精准地复现原建筑装饰这一点上没有做到。西格诺·阿巴特（Signor Abbate）无论知识、经验与热情都无出其右。然而正因为他临摹的手法过于精湛，以至缺少个人的痕迹，反而失去神韵，不够完美。

彩图 5-1~48 上的装饰图案明显带有希腊元素，是用模板刻在镶板的边缘的。它们与希腊风格相比明显逊色，缺少个性；从母干放射出来的线条布局不如希腊风格中来的精妙，空间疏密与比例也逊色得多。它们的魅力在于色彩对比之和谐，如果周围辅以其他颜色则效果更佳。

彩图 5-49~63 上的装饰是壁柱和横雕带上的，学习了罗马风格，装饰有了阴影，添了一份圆润感，而不会过于圆润以至与背景疏离开来。庞贝艺术家对于圆润感的处理丰约有度，这是后世所缺失的。其中有的图案以涡旋形的莨苕叶饰为背景，上面嫁接穿插了花朵叶子和动物的图案，这与古罗马浴室遗址里的图案相似，这在拉斐尔时期已经成为意大利装饰艺术的基础。

彩图 5-64 中，我们搜集了各种马赛克路面的图案，每户罗马家庭中都可以找到这种图案，无论他们安家何处。从几张图案的浮雕作品中可以看出，庞贝的浮雕手法不如希腊时精美细腻。页面顶端和两侧的边框由重复的六边形构成，从中衍生出了拜占庭、阿拉伯和摩尔式的多种多样的马赛克图案。

彩图 5-1~24 取自庞贝不同建筑的边缘部分——扎恩的《庞贝》

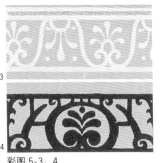

彩图 5-1, 2

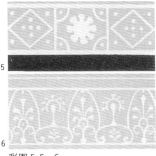

彩图 5-3, 4

彩图 5-5, 6

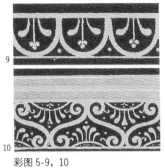

彩图 5-7, 8

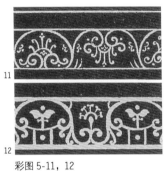

彩图 5-9, 10

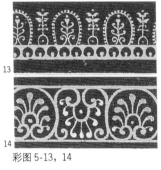

彩图 5-11, 12

彩图 5-13, 14

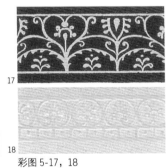

彩图 5-15, 16

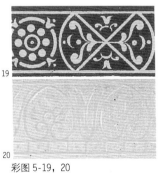

彩图 5-17, 18

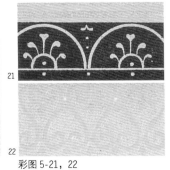

彩图 5-19, 20

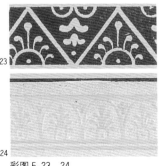

彩图 5-21, 22

彩图 5-23, 24

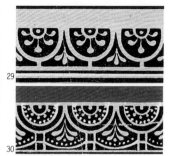

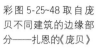

彩图 5-25~48 取自庞贝不同建筑的边缘部分——扎恩的《庞贝》

彩图 5-25，26

彩图 5-27，28

彩图 5-29，30

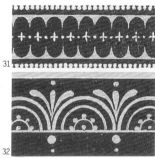

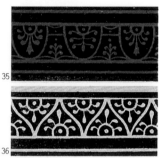

彩图 5-31，32

彩图 5-33，34

彩图 5-35，36

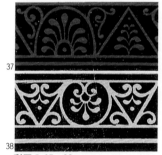

彩图 5-37，38

彩图 5-39，40

彩图 5-41，42

彩图 5-43，44

彩图 5-45，46

彩图 5-47，48

彩图 5-49~63 取自庞贝不同建筑的壁柱与横雕带——扎恩的《庞贝》

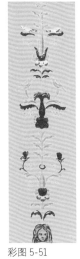

彩图 5-49

彩图 5-50

彩图 5-51　　彩图 5-52　　彩图 5-53　　彩图 5-54　　彩图 5-55　　彩图 5-56

彩图 5-57　　　　彩图 5-58　　　　彩图 5-59　　　　彩图 5-60

彩图 5-61　　彩图 5-62　　　　　　　　　　　　　　　　　彩图 5-63

彩图 5-64 取自庞贝的
马赛克图案，那不勒
斯的博物馆——作者
的素描

彩图 5-64

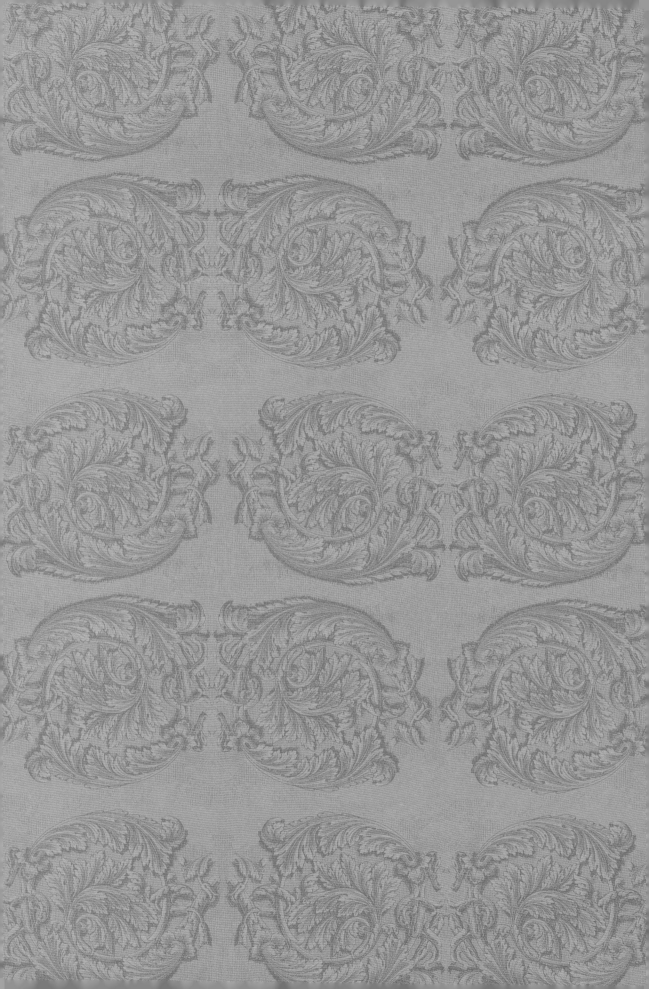

第六章　罗马装饰艺术

　　罗马神庙是因袭了希腊的宗教观念建立的，罗马人心底恐怕并不虔诚，因而宗教建筑也缺乏一种宗教热忱与艺术至上的精神。罗马艺术真正的精髓并不在神庙建筑中，而是表现在宫殿、浴场、剧院、沟渠以及其他的公共设施上。

　　希腊神庙中处处弥漫着竭尽完美以荣耀神明的特质。然而罗马神庙的目的则是自我荣耀。从柱基到山形墙的顶点，到处都错彩镂金，用繁多的装饰来炫人眼目，而不是通过作品的精美来获得赞赏。也有一些像罗马神庙一样被装饰起来的希腊神庙，然后艺术效果却截然不同。希腊神庙的装饰井然有序，使整个建筑熠熠生辉，同时完全不会破坏精致的建筑表面。[4]

　　罗马人摒弃了比例匀称的准则，也不再勾勒出线饰的轮廓，而是以表面精雕细琢的

图 34　罗马马泰宫（Mattei Palace）白色大理石的片段——L. 福里米[4]

---

〔4〕　建筑师刘易斯·福里米著，《建筑装饰雕刻范例》，伦敦，布雷西亚博物馆，布雷西亚，1838。

立体浮雕取而代之，匀称感与轮廓感都丧失了；然而这些浮雕装饰并不是与建筑表面自然融合在一起，而像是刻意强加上去的。飞檐托饰下方和科林斯柱式的倒钟形柱头周围的莨苕叶饰，一片片堆叠相加，毫无美感。这些叶饰甚至不是由柱身顶端的柱颈部收束在一起的，而是散叠在那儿。与此相反，在埃及柱头中，倒钟形周围的花茎是一直延伸到柱头的颈部的，赏心悦目，流露出一种美的真谛。

罗马装饰中的莨苕叶饰无论形态和方向都无规范可循，这一特征渗透到后世的装饰工艺当中，使得大多数的现代作品也流于散乱。设计创造本是建筑师的天职，但他们怠惰疏忽，没有经过思考而设计出的室内装饰也成了刻板的公式，与真正的设计相去远矣。

罗马式的莨苕叶饰乏美可赏。他们继承了希腊程式化的精美样式，在整体轮廓上大致保留了希腊遗风，但在表面雕刻上却浮夸矫饰。希腊人则严谨地遵守叶饰的工艺法则，叶片表面的每处微妙的起伏都精心打造。

本章开头一页上的雕刻装饰是典型的罗马风格，两个相生相连的涡旋形饰中央围有花朵或叶束。该图中的装饰虽然是基于希腊的装饰准则，却缺少希腊装饰的精美别致。希腊装饰中的涡旋形饰也是相生相连的形式，但是交汇处更加细腻。这里也可以看到莨苕叶饰的侧视图。科林斯式柱头中运用了纯罗马风格的莨苕叶饰，如彩图 6-1~12 所示。其中叶片趋于扁平，层层相叠，正如这些剪取的片段所示。

在此我们将泰勒（Taylor）和克雷斯（Cresy）作品中的多种柱头并列而置，可见罗马式的莨苕叶饰鲜有变换，唯一不同之处在于整体比例的分配，从朱庇特神庙（Jupitor Stator）便足以看出这种比例感已经走向衰落。埃及的柱头气象万千，由简生繁，罗马风格与其相比，已大相径庭，哪怕在复合柱式中引入了爱奥尼克柱式的螺旋形饰，也没有增彩，反而形散！

彩图 6-4~5 中的美第奇别墅的壁柱以及彩图 6-6 中的片段，已经堪称罗马装饰艺术中的最佳典范了。说到浮雕与绘画，罗马人有值得敬佩的地方，但是说到建筑装饰，罗马人滥用浮雕，表面过于矫饰，违反了装饰艺术的首要准则，即装饰应恰到好处，不应喧宾夺主。

基于这种叶中有叶、叶叶相叠的设计原理演变出的样式是十分有限的。直到后来人们摒弃了这种一条母线上叶叶相生的样式，以连续的母线两侧分布图案的样式取而代之，

图 35　取自泰勒和克雷斯的《罗马》中的科林斯柱式与复合柱式

传统装饰才得到发展。最早可以在君士坦丁堡的索菲亚大教堂看到这样的变化。我们这里也引用了圣丹尼大教堂的示例，尽管主干的隆起设计和主干交汇处卷起的叶饰完全不见了，而连续的主干的设计还有待发展，正如我们在狭长的上下边缘处看到的那样。这一原则在 11，12 和 13 世纪的手抄本中更为普遍，成为早期英国叶饰的根基。

　　彩图 6-7~12 中的片段取自布雷西亚博物馆，比美第奇别墅里的装饰更别致，叶片的处理更为细腻，更为程式化。金匠凯旋门的横雕带反而背道而驰，形神不全。

我们认为在此没有必要列出罗马浴场中的彩饰。我们手头并不具备可靠的资料，此外，它们与庞贝的装饰十分类似，作为反例更合适，而非范例。这里我们引用图拉真广场的两个例子足矣，图拉真广场中涡旋形饰以人物收尾的造型被誉为罗马彩饰的根基。

图 36　取自巴黎圣丹尼大教堂修道院

图 37　罗马科隆纳宫殿（Colonna Palace）太阳神神庙中横雕带的片段——L. 福里米

图 38 真实比例的茛苕叶片图片

彩图 6-1，6-2
取自罗马图拉真广场
的片段

彩图 6-3
罗马美第奇家族别墅
的壁柱

彩图 6-6
取自马尔伯勒宫
（Marlborough
House）的石膏模型

彩图 6-1

彩图 6-2

彩图 6-3

彩图 6-4

彩图 6-5

彩图 6-6

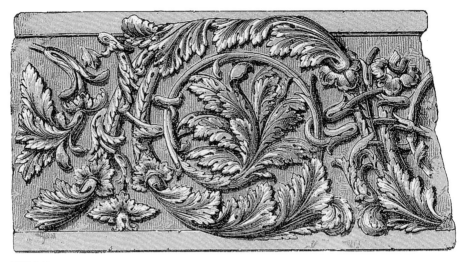

彩图 6-7, 6-8
布雷西亚罗马神庙中
横雕带的片段

彩图 6-9
罗马金匠凯旋门(Arch
of the Goldsmiths)
的横雕带

彩图 6-7

彩图 6-8

彩图 6-9

彩图 6-10

彩图 6-11

彩图 6-12

彩图 6-10, 6-11
布雷西亚罗马神庙的
楣梁拱腹的片段

彩图 6-12
布雷西亚罗马神庙中
横雕带的片段

彩图 6-7~10
取自布雷西亚博物馆;

彩图 6-11
取自泰勒和克雷斯的
《罗马》

第七章　拜占庭装饰艺术

甚至在最近几年里，艺术评论家对拜占庭和罗马的建筑艺术还总是混淆不清，对附属于建筑的装饰艺术也模糊其词。这种混淆主要是因为作者可援引的资料欠缺，直到赫尔·萨尔赞伯格（Herr Salzenberg）先生发表了关于君士坦丁堡的圣索菲亚大教堂的杰作后，我们才对纯粹的拜占庭装饰艺术有了清晰彻底的理解。位于拉韦纳的圣维塔莱教堂（San Vitale）尽管是拜占庭风格的建筑，但在装饰上却没有完全展现拜占庭式的风采；威尼斯的圣马可大教堂（San Marco）仅代表了拜占庭流派的一个阶段；蒙雷阿莱大教堂（Cathedral of Monreale）以及西西里的其他类似风格的建筑也仅仅带有拜占庭的痕迹，没有展现纯粹拜占庭艺术真正的精髓；为了一探拜占庭风格的究竟，我们需要拨开历史的尘埃，揭去伊斯兰宗教运动的遮盖，审视在拜占庭极盛时期建造的宏大建筑。由于当今苏丹的开明与普鲁士政府的慷慨，公众才有机会接触到如此宝贵的资料。我们建议那些真正想了解拜占庭装饰原貌的人士，可以去研习赫尔·萨尔赞伯格先生针对古老拜占庭的教堂和建筑的佳作。

"凡事必有出处，并非凭空而来（ex nihilo nihil fit）"的道理，恐怕用在装饰艺术上最合适不过了。我们察觉到，拜占庭风格是融汇了不同流派才发展出它的独特之处的，接下来我们来简要地阐述一下它的主要成因。

4世纪伊始，早在拜占庭代替罗马成为罗马帝国中心之前，所有的艺术形式便处在衰落或变革的边缘了。诚然，罗马独特的艺术风格影响了其治下的众多民族，同样地，罗马艺术文明的发展也渐染各地杂糅的艺术之风；哪怕在3世纪末期，罗马富丽堂皇的浴场和其他的公共建筑奢华的装饰风格也吸取了其它地区的质地材料。君士坦丁大帝在拜占庭定都之后，开始雇用东方的艺术家和工匠，为传统艺术注入了活力，推动了变革；周边诸国也毫无疑问地为这一酝酿初成的艺术流派贡献了力量，贡献的多少与其文明程度和艺术水平相当，直到最后，在查士丁尼一世漫长的（艺术）繁荣时期，这一艺术的大熔炉逐渐萃取整合，成为一种稳定的艺术体系。

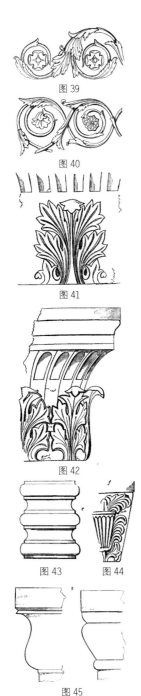

图 39

图 40

图 41

图 42

图 43　　图 44

图 45

我们不能忽略在凯撒大帝统治时期建造在小亚细亚的华美庙宇与剧院，它们对拜占庭艺术的形成产生了重大的影响：圆润的椭圆形轮廓、棱角分明的叶片，以及剔除了圆球和花朵的纤细绵延的叶饰，这些特征都出现在了拜占庭装饰艺术中。帕塔拉（Patara）剧场的横雕带（图 39）以及阿弗罗戴西亚斯（Aphrodisias，原卡里亚）的维纳斯神庙中的横雕带便有这种舒展自由的叶饰。在安斯拉（Ancyra）的加拉太（Galatia），当地统治者为了纪念奥古斯都大帝建造了一座神庙（图 40），神庙的门道体现了典型的拜占庭装饰风格；帕塔拉的 1 座小神庙的壁柱柱头（图 41），被特谢尔（Texier）先生称为基督时代 1 世纪的作品，它与萨尔赞伯格先生所描述的士麦那地区的一个柱头如出一辙，萨尔赞伯格先生认为士麦那（图 42）的这个柱头是查士丁尼大帝统治初期的作品，在公元 525 年左右。

因为年代记载不详，我们无法确认波斯对拜占庭风格的影响有多深，但毋庸置疑的是，波斯工匠和艺术家在拜占庭是深受欢迎的。弗兰丁和考斯特在其关于波斯的著作中介绍了 Tak i Bostan, Bi Sutoun, Tak i Ghero 的几座丰碑以及伊斯法罕（Ispahan）的一些古老的柱头，我们被这些建筑所呈现出的浓郁的拜占庭风格所震慑；但我们倾向于认为，这些是拜占庭艺术巅峰时期之后的作品，或最多是巅峰时期同期的作品，即公元 6 世纪的作品。无论如何，我们发现到了公元 363 年，还有作品是仿制拜占庭早期艺术的；在约维安和朱利安从波斯征途返程时或之后不久，在安斯拉建造起了约维安柱子（图 43），我们可以看到其中运用了古老的波斯波利斯的一种普遍的装饰样式。在波斯波利斯也可以看到典型拜占庭风格的棱角分明、纹路清晰的叶片，正如圣索菲亚大教堂（图 44）的例子所示。在之后较晚的时期，比如凯撒大帝统治时期，坎加瓦尔（Kangovar）（图 45）的多力克风格神庙，它那线脚的轮廓与拜占庭风格十分相似。

追溯拜占庭装饰艺术形式的渊源，以及审视这些艺术形式如何传承影响后世，都是有意思的事情，让人受益良多。彩图 7-1 中这个特别的叶片，在特谢尔和萨尔赞伯格的书中提及过，它也出现在圣索菲亚大教堂中。彩图 7-3 圆环内的圣安德鲁斜十字叶饰，在罗马式和哥特式装饰中十分普遍。彩图 7-17 也是同一个横雕带上的设计，来自德国，与彩图 7-3 的样式大体相同，略有变动。彩图 7-4 中蜿蜒起伏的枝条叶饰来自 6 世纪（圣索菲亚大教堂），稍加变动就成了彩图 7-11 中的 11 世纪（圣马可大教堂）的作品。彩图 7-19（德国）中的齿边叶饰几乎与彩图 7-1（圣索菲亚大教堂）中的一模一样。在所有例子当中，彩图 7-27~36 来自德国，意大利和西班牙，都是以拜占庭风格为基础的，因而颇为相似。

P93 的图案中有两个代表了罗马风格（彩图 7-27，7-36），它们是基于当地样式发展起来的，这种交织的样式明显受到北方国家的影响；而彩图 7-35（圣丹尼教堂）是种目繁多的罗马风格仿制品中的一个，是罗马风格中较为普遍的一种，是在法国第戎（Dijon）和索恩河畔沙隆（Chalon-sur-Sa·ne）之间的屈西（Cussy）地区发现的。

我们可以发现，罗马、叙利亚、波斯和其他国家都对拜占庭艺术风格及其装饰艺术的形成起到了一定影响，这种风格在查士丁尼统治时期成形，这一新生的艺术体系作用于西方文明，在历史的长河中历经变革；拜占庭艺术传播到各地，当地的宗教、艺术与礼仪也修改着它的面貌，往往赋予其独特的个性，这就是为什么在凯尔特、盎格鲁-撒克逊、伦巴第和阿拉伯艺术流派中也出现了与拜占庭风格既紧密联系、又判然有别的装饰流派。我们尚且不论有多少拜占庭的工匠艺术家在欧洲工作，毋庸置疑的是，拜占庭的装饰艺术对中欧乃至西欧那些被普遍称为罗马风格的早期艺术产生了深远的影响。

棱角分明的宽齿边叶饰是拜占庭装饰艺术的一大特色，在雕刻作品中被倾斜地凿刻在边缘，叶脉纹路清晰，齿边上凿有深深的孔洞，流畅的叶饰一般纤薄而绵延，如彩图 7-37，7-40 和 7-56 所示。无论是马赛克还是彩绘背景，几乎一律是金色，细密的交织图案代替了几何样式。雕刻中很少出现动物或人物造型，圣物的表现手法僵硬而程式化，色彩单调，缺少变化或感情。可见，雕刻在拜占庭艺术中的分量并不重。

罗马装饰与拜占庭装饰相反，主要依赖雕塑的艺术效果：丰富变化的光影，深邃有力的凿刻，凹凸起伏的表面，五花八门的人物造型，同时配有叶饰和其他传统的装饰图案。彩绘代替了马赛克镶嵌画的位置；彩绘中的动物造型如同雕刻中一样运用自如，例如彩图 7-62；背景不再一律是金色，而增添了蓝色、红色或绿色，如彩图 7-62 所示。罗马装饰风格从其他角度而言，不同地区也带有些许地方特色，但大体保持了拜占庭风格的特征，例如玻璃彩色花窗一直延续到中世纪，直至 13 世纪末期。

几何样式的马赛克镶嵌画属于罗马时期，尤其是意大利的镶嵌画，P98-99 中列举出诸多例子。这种艺术在 12 和 13 世纪风行，它将菱形小玻璃块以一系列复杂的对角线排列，这些图案的走向是由不同颜色界定的。意大利中部的马赛克图案，比如彩图 7-73，7-77，7-79 和 7-97 中所示，比意大利南方省份和西西里岛的马赛克图案要更为简单，后者这些地区的萨拉逊艺术家偏爱错综复杂的样式，彩图 7-67，7-72 和 7-103 便是其中一些普遍的样式，来自巴勒莫附近的蒙雷阿莱。值得一提的是，西西里岛兼有两种独特的设计风格：一种是我们所看到的摩尔风格的对角线交织图样，如彩图 7-84 所示；另一种是曲线交织样式，如来自蒙雷阿莱的彩图 7-103，7-104,7-105 中所示。由此可见，后一种风格哪怕并非出自拜占庭工匠之手，也至少是融合了拜占庭的装饰色彩。在同一时期还存在另外一种独特的风格，即威尼托 - 拜占庭风格，如彩图 7-84，7-86，7-87，7-100 和 7-102 所示；这种风格一般影响范围不广，多为一种当地的艺术风俗，风格特别。然而还有一些作品属于典型的拜占庭风格，比如彩图 7-101 中的圆环交织图案；还有如同在圣索菲亚大教堂中较为普遍的台阶图案，如彩图 7-39，7-46 和 7-47 中所示。

大理石马赛克作品（或 opus Alexandrinum）与玻璃马赛克作品（或 opus Grecanicum）的主要不同之处在于其选用的材料，设计原理（复杂的几何设计）还是一致的。意大利罗马风教堂的地面上这一类的例子不胜枚举，这一传统早从罗马的奥古斯都时代就沿袭下来了，彩图 7-89,7-91,7-106,7-107 和 7-108 就很好展示了这一类风格的特征。

意大利的多个地区都在罗马风时期发展出了基于大理石镶嵌体系的地方风格，与罗马风或拜占庭风都关系不大。比如来自拉韦纳的圣维塔莱大教堂的彩图 7-90；佛罗伦萨的洗礼堂和圣米尼亚托教堂在 11、12 和 13 世纪时的路面便是这样的图案。这些图案仅凭黑白两色的大理石便能达到其艺术效果。我们抛开这些特例，去审视那些在意大利南部受摩尔风影响的作品，这些玻璃和大理石镶嵌装饰的设计原理，可以在遍布罗马的古老罗马镶嵌画中找到它的痕迹，尤其是在庞贝发现的各式各样的马赛克图案，彩图 5-64 便展示了其中一例，让人眼前一亮。

拜占庭艺术对 6 世纪到 11 世纪的欧洲乃至后世都产生了深远的影响，直到后来，伟大的阿拉伯民族迅速扩张，将伊斯兰信条发扬光大，征服一众东方国家，甚至远播欧洲。阿拉伯人在开罗、亚历山大、耶路撒冷、科尔多瓦和西西里地区建造的早期建筑有明显的拜占庭风格。拜占庭的艺术传统几乎多多少少影响了周边的所有国家；拜占庭风格在希腊的影响持续久远，很大程度上成为了东方和东欧装饰艺术的根基。

J.B. 韦林

1856 年 9 月

若想了解关于该主题的更多内容，请参阅怀亚特和韦林先生为位于西德纳姆的拜占庭和罗马风展厅撰写的手册。

参考书目

Salzknberg. Alt Christliche Baudenkmale von Constantino pel.

Flandin et Coste. Voyage en Perse.

Texier. Description de l'Armenie, Perse, Sfc.

Heideloff. Die Ornamentik des Mittelalters.

Kreutz. La Basilica di San Marco.

Gailhabaud. L'Architecture et les Arts qui en dependent.

Du Sommerard. Les Arts du Moyen Age.

Barras et Luynes (Due de) . Recherches sur les Monum-ents des Normands en Sicile.

Champollion Figeac. Palaeographie Universale.

Willemin. Monuments Francois inedits.

Hessemer. Arabische und alt Italidnische Bau Verzierung en.

Digby Wyatt. Geometrical Mosaics of the Middle Ages.

Waring and MacQuoid. Architectural Art in Italy and Spa in.

Waring. Architectural Studies at Burgos and its Neighbour hood.

彩图 7-1

彩图 7-2

彩图 7-3

彩图 7-1~3
圣索菲亚大教堂的石刻装饰,君士坦丁堡,6世纪——萨尔赞伯格, Alt Christliche Baudenkmale, Constantinopel

彩图 7-4, 7-5
取自圣索菲亚大教堂的铜门,萨尔赞伯格

彩图 7-6, 7-7
博韦大教堂(Beauvais Cathedral) 的象牙雕双联画局部,明显为 11 世纪盎格鲁 - 撒克逊式作品—— Willemin. Monuments Francois inedits

彩图 7-8
圣诞教堂铜门局部,伯利恒,3 世纪或 4 世纪——Gailhabaud. L' Architecture et les Arts qui en dependent

彩图 7-9~13
圣马可大教堂的石雕作品,威尼斯,11 世纪——J.B. 韦林,来自西德纳姆的石膏模型

彩图 7-4

彩图 7-5

彩图 7-6

彩图 7-7

彩图 7-8

彩图 7-9, 10

彩图 7-11

彩图 7-12

彩图 7-13

彩图 7-14, 15, 16　　　　彩图 7-17　　　　彩图 7-18

彩图 7-19, 20　　　　彩图 7-21　　　　彩图 7-22, 23

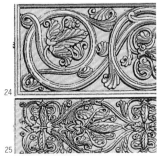

彩图 7-24, 25　　　　彩图 7-26　　　　彩图 7-27

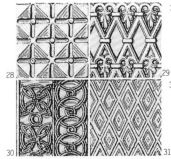

彩图 7-28, 29, 30, 31　　　彩图 7-32, 33, 34, 35　　　彩图 7-36

彩图 7-14~16
圣迈克尔教堂柱头局部，施瓦本哈尔厅（Schw·bisch Hall），12世纪——Heideloff.Die Ornamentik des Mittelalters

彩图 7-17
穆拉尔德（Murrhard）修道院的门道——Heideloff，同上

彩图 7-18
浮雕，圣泽巴尔德教堂（St.Sebald），纽伦堡；诺森（Nossen）教堂，撒克逊（Saxony）——Heideloff

彩图 7-19, 7-20
圣约翰教堂的横雕带，Gmund，施瓦比亚（Swabia）——Heideloff

彩图 7-22
取自主铜门，巴勒莫附近的蒙雷阿莱——J.B.韦林

彩图 7-23
取自拉韦洛大教堂的铜门，靠近阿马尔菲 Amalfi——J.B.韦林

彩图 7-24, 7-25
取自特拉尼大教堂的铜门，12世纪——Barras et Luyn-es, Recherches sur les Monuments des Normands en Sicile

彩图 7-26
取自胡尔加斯修道院（Huelgas Monastery）小回廊的石雕，靠近布尔戈斯（Burgos），西班牙，12世纪——J.B.韦林

彩图 7-27
取自卢卡大教堂的门廊，公元1204年——J.B.韦林

彩图 7-28
取自圣丹尼大教堂（门廊），巴黎附近——J.B.韦林

彩图 7-29
取自圣安布洛乔教堂（Sant'Ambrogio）的小回廊，米兰——J.B.韦林

彩图 7-30
取自海尔斯布龙（Heils-bronn）小教堂，巴伐利亚——Heideloff

彩图 7-31~34
取自圣丹尼大教堂——J.B.韦林

彩图 7-32
取自巴约圣母大教堂，12世纪——Pugin，《诺曼底遗风》（Antiquities of Norma`ndy）

彩图 7-35
取自林肯大教堂（门廊），12世纪左右——J.B.韦林

彩图 7-36
取自基尔佩克（Kilpeck）门廊，赫里福德郡，12世纪——J.B.韦林

彩图 7-37~42
圣索菲亚大教堂的
马赛克图案，君士
坦丁堡，6世纪——
萨尔赞伯格，Alt
Christliche Bauden-
kmale, Constantin-
opel

彩图 7-43
大理石地面，Agios
Pantokrator，君士
坦丁堡，12世纪上半
叶——萨尔赞伯格

彩图 7-37

彩图 7-38

彩图 7-39

彩图 7-40，41

彩图 7-42

彩图 7-43

彩图 7-44, 45

彩图 7-46, 47

彩图 7-44, 7-45
大理石地面, 圣索菲
亚大教堂

彩图 7-46, 7-47
圣索菲亚大教堂的马
赛克图案——萨尔赞
伯格

彩图 7-48~51
取自希腊手抄本, 大
英博物馆——J.B. 韦
林

彩图 7-52, 7-53
来自希腊手抄本的边
框 ——Champollion
Figeac. Palaeogra-
phie Universale

彩图 7-54
圣马可大教堂的中央,
威尼斯——迪格·怀亚
特,《中世纪的马赛克
镶嵌画》

彩图 7-48

彩图 7-49, 50

彩图 7-51

彩图 7-52, 53, 54

彩图 7-55
取自希腊手抄本，大英博物馆——J.B. 韦林
下面的边框来自蒙雷阿莱大教堂——迪格·怀亚特的《马赛克》

彩图 7-56
取自格雷戈里·纳赞詹（Gregory Nazianzen）的布道书，12世纪—— Champollion Figeac，同上

彩图 7-57，7-58
取自希腊手抄本，大英博物馆——J.B. 韦林

彩图 7-59
取自《圣经使徒行传》，希腊手抄本，罗马的梵蒂冈博物馆——迪格·怀亚特

彩图 7-60
圣马可大教堂，威尼斯——迪格·怀亚特

彩图 7-55

彩图 7-56

彩图 7-57

彩图 7-58

彩图 7-59

彩图 7-60

彩图 7-61

彩图 7-62

彩图 7-61
希腊双联画局部，10
世纪，佛罗伦萨——
J.B. 韦林（百合花饰
被认为是后期添加）

彩图 7-62
13世纪的珐琅（法国）
——Willemin. Monu-
ments Francois in-
edits

彩图 7-63
取自珐琅棺椁（中间
部分来自圣路易斯之
子让的雕像）——Du
Sommerard. Les Arts
du Moyen Age

彩图 7-64
取自圣路易斯之子让
的珐琅陵墓，公元
1247 年 ——Wille-
min，同上

彩图 7-65
利摩日珐琅，可能产
生于 12 世纪末——
Willemin，同上

彩图 7-66
胶泥路面局部，12 世
纪，留存在圣丹尼大
教堂，巴黎附近——
Willemin

彩图 7-63

彩图 7-64

彩图 7-65

彩图 7-66

彩图 7-67, 7-68

来自蒙雷阿莱大教堂的马赛克图案（opus Grecanicum），靠近巴勒莫，12世纪末──J.B. 韦林

彩图 7-69

阿拉可埃利（Ara Coeli）教堂的马赛克，罗马──J.B. 韦林

彩图 7-70, 7-75

大理石地面，圣马可大教堂，威尼斯──J.B. 韦林

彩图 7-71, 7-72, 7-83, 7-88 蒙雷阿莱大教堂──J.B. 韦林

彩图 7-73, 7-74, 7-77, 7-78

取自圣 Lorenzi Fuori 教堂，罗马，12世纪末──J.B. 韦林

彩图 7-76

阿拉可埃利教堂，罗马──J.B. 韦林

彩图 7-79

圣 Lorenzi Fuori 教堂，罗马──J.B. 韦林

彩图 7-80

圣 Lorenzi Fuori 教堂，罗马──韦林与麦奎德（MacQuoid）《意大利与西班牙的建筑艺术》（Architectural Art in Italy and Spain.）

彩图 7-81, 7-82

巴勒莫（Palermo）──迪格·怀亚特，《中世纪的马赛克》

彩图 7-84

圣马可大教堂，威尼斯──迪格·怀亚特，《中世纪马赛克范例》

彩图 7-85

取自阿拉可埃利教堂，罗马──J.B. 韦林

彩图 7-86

取自圣马可大教堂修道院，威尼斯──J.B. 韦林

彩图 7-87

取自圣马可大教堂，威尼斯──《意大利与西班牙的建筑艺术》

彩图 7-89

大理石路面，圣母大教堂，罗马──Hessemer. Arabische und alt Italidnische Bau Verzierungen

彩图 7-90

大理石路面，科斯梅丁圣母教堂，罗马──Hessemer，同上

彩图 7-91

大理石路面，圣维塔莱教堂，拉韦纳──Hessemer，同上

彩图 7-67

彩图 7-68

彩图 7-69

彩图 7-70

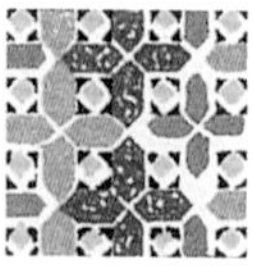

彩图 7-71

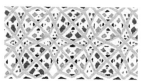
彩图 7-72

彩图 7-73

彩图 7-74

彩图 7-75

彩图 7-76

彩图 7-77

彩图 7-78

彩图 7-79

彩图 7-80

彩图 7-81

彩图 7-82

彩图 7-83

彩图 7-84

彩图 7-85

彩图 7-86

彩图 7-87

彩图 7-88

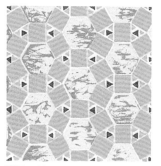
彩图 7-89

彩图 7-90

彩图 7-91

彩图 7-92

彩图 7-93

彩图 7-94

彩图 7-95

彩图 7-96

彩图 7-98

彩图 7-97

彩图 7-99

彩图 7-100

彩图 7-101

彩图 7-102

彩图 7-103

彩图 7-104

彩图 7-105

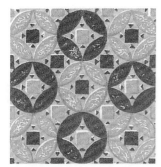

彩图 7-106

彩图 7-107

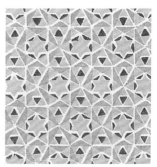

彩图 7-108

彩图 7-92
圣乔瓦尼拉特兰大教堂，罗马——迪格·怀亚特，《中世纪马赛克范例》

彩图 7-93，7-96
圣罗伦佐教堂，罗马——韦林与麦奎德《意大利与西班牙的建筑艺术》

彩图 7-94
奇维塔卡斯泰拉纳大教堂——迪格怀亚特，《中世纪马赛克范例》

彩图 7-95
阿拉可埃利教堂，罗马——J.B. 韦林

彩图 7-97
圣 Lorenzi Fuori 教堂，罗马——J.B. 韦林

彩图 7-98
阿拉可埃利教堂，罗马——韦林与麦奎德《意大利与西班牙的建筑艺术》

彩图 7-99
圣乔瓦尼拉特兰大教堂（San Giovanni Laterano），罗马——迪格·怀亚特，《中世纪马赛克范例》

彩图 7-100，7-101
圣马可大教堂的马赛克，威尼斯——迪格怀亚特，《中世纪马赛克范例》

彩图 7-102
圣马可大教堂修道院，威尼斯——韦林与麦奎德《意大利与西班牙的建筑艺术》

彩图 7-103~105
蒙雷阿莱大教堂——J.B. 韦林

彩图 7-106~108
大理石路面，圣母大教堂，罗马——Hessemer

第八章　阿拉伯装饰艺术 开罗地区

随着伊斯兰宗教在东方迅速蔓延,伊斯兰文明快速崛起,新的艺术风格也应运而生。毫无疑问的是,伊斯兰早期建筑要么是改造了罗马或拜占庭的旧有建筑,要么是利用古建筑的旧材料在遗迹之上重建起来的,我们同样确定的是,这些建筑在一早就体现了不同于前人的欲求,流露出一种新的情感,为伊斯兰文化所独有。

有些建筑是用旧材料建造的,它们的新建部分模仿了旧建筑的细节。罗马风格向拜占庭风格过渡的阶段也出现过这样的情况:这种模仿不似原本的精良了。然而这种粗陋的模仿也激发了一系列的新思想,它们不再沿袭前期的路线,而是逐渐解开旧有范式的枷锁。早期的伊斯兰教徒形成了他们独有的风格,并将其推向巅峰。彩图 8-1~39 中的图案取自开罗的图伦清真寺(Tooloon),建于公元 876 年,也就是伊斯兰教掌握政权的 250 年后,然而我们可以发现,此建筑自成一格,它对早期风格有所保留,但绝不是照搬照抄。对比基督教的建筑发展史,伊斯兰建筑的发展令人称奇。基督教建筑直到 12 世纪或 13 世纪时才完全摆脱了异教建筑的影子,探索出自己独有的风格。

开罗的清真寺可跻身世间最华美的建筑之列。它们形制简约,雍容大度,装饰精美绰约,因而大放异彩。

伊斯兰建筑优雅的装饰似乎源自波斯,阿拉伯人的多种艺术形式似乎都是借鉴了波斯文化。这种影响借鉴极有可能是通过两个方面。拜占庭艺术本身便包含着亚洲的色彩。弗兰丁和考斯特的著作中介绍了 Bi Sutoun 的遗迹,这些遗迹要么是受了拜占庭文化影响的波斯建筑,要么是更早期的汲取了波斯元素的拜占庭作品,因为二者的整体轮廓如此相仿。该书第三章已经介绍了萨珊王朝的柱头装饰,如彩图 3-54 所示,似乎是阿拉伯式的菱形花纹;在萨尔赞伯格先生对于圣索菲亚大教堂的介绍中我们已经了解到,拱肩上的装饰与此希腊 – 罗马式建筑的整体特征迥然有别,说它受到了亚洲风格的影响也不无可能。哪怕当真如此,这个拱肩也是阿拉伯和摩尔表面装饰的根基。我们可以发现,围绕中央的叶饰让人们联想起莨苕叶饰,但它却初次摒弃了叶片层层相生的准则;原先的涡旋图案是蜿蜒不断的。整个拱肩上布满了这种样式，呈现出平衡的色调，阿拉伯和摩尔装饰艺术曾经便是抱着这样的初衷设计的。此外，拱门边缘的线脚表面布有装饰，而拱腹也有装饰，装饰风格同阿拉伯和摩尔式拱腹的一样。[5]

图 46　圣索菲亚大教堂拱门的拱肩，萨尔赞伯格[5]

　　彩图 8-1~39 中图伦清真寺的装饰华丽非凡，阿尔罕布拉宫中精美绝伦的装饰元素在这一阿拉伯早期艺术阶段的清真寺中也都出现了。二者水平之殊在于精美程度的差异，而非基本原理之别。图伦清真寺的装饰代表了表面装饰的第一阶段。先是将被装饰的表面抹平，图案要么是压印在表面，要么是趁表面还未固化的时候在上面勾勒出图案的轮廓，然后用钝刀将边缘修饰光滑。这些图案展现了母干放射和曲线相切的设计原理，或是沿袭了希腊–罗马的艺术传统，或是取法自然。

　　很多样式还保留了希腊遗风，比如彩图 8-2，8-3，8-4，8-5，8-19，8-21，8-22 和 8-36：花茎两侧的花朵一朵向上卷曲，另一朵向下卷曲。但希腊与阿拉伯风格的不同之处在于，前者的花草并不是涡旋纹饰的一部分，只是从中伸展出来而已；后者的涡旋纹饰演变成了图案中间的叶饰。彩图 8-31 展示了源自罗马风格的连续涡旋图案，然而在弯曲处分

〔5〕　编者注：圣索菲亚大教堂建于公元 537 年，既有罗马建筑的特色，又有东方艺术的韵味，是拜占庭建筑艺术形式的最杰出代表。

岔的典型罗马样式在这里被省略了。圣索菲亚大教堂的雕刻装饰似乎是这种改变的最早范例。

　　彩图 8-1~39 中的竖纹图案主要来自窗户的拱腹，因而线条都趋于纵向，可以算是这一类装饰华丽的图样的先导了，将同样的样式不断重复，可以由一生多。这张彩图上的很多样式在横长上都应该为展示出来的两倍；但为了尽可能多地呈现不同样式，这里就不展开展示了。

　　除了彩图 8-57 也来自图伦清真寺以外，P109~112 上所有的图案都来自 13 世纪，比图伦清真寺晚了 400 年。我们可以一窥这一时期风格的发展。与同时期的阿尔罕布拉宫相比，它们逊色得多。说到空间布局与装饰表面的再装饰，阿拉伯人始终没有达到像摩尔人那样精湛的水平。阿拉伯人在美的观念上并不逊色，但实际技艺上欠缺不少；在摩尔装饰中，装饰物与背景之间总是布局完满，毫无间隙或漏洞，对于装饰表面的再装饰，摩尔人也技高一筹——他们并不是单调的重复。为了展示二者之别，我们将彩图 8-80 与阿尔罕布拉宫的两个菱形图纹做一下对比。

　　摩尔人的表面装饰还有另一个特征，即装饰表面一般有两个或三个平面，最上一层的平面上的装饰图案大胆奔放，下平面上的装饰与上平面上的交织在一起，起到了锦上添花的装饰效果，如此匠心独运，远观时可饱览其整体的丰韵，近睹时可领略其细微的精深。一般摩尔人的表面装饰要更为丰富多样。P107~110 中的羽毛饰让人眼前一亮，它们与空白的表面交错混合在一起，如彩图 8-60，8-62 所示。彩图 8-82 是镂空的金属，它的空间布局的水平十分接近摩尔人的水平了：图案按照精妙的比例向中央缩小，同时无论装饰分布多么疏远，样式多么复杂，总是能顺着图纹找回它的枝干和根源，摩尔人恪守这一准则绝不逾矩。

　　一言以蔽之，阿拉伯风格与摩尔风格的主要差异在于，前者的构

图 47　希腊

图 48　阿拉伯

图 49　阿拉伯

图 50　阿拉伯

图 51　摩尔

图 52　摩尔

图 53　阿拉伯

图 54　摩尔

图 55　摩尔

筑装饰更雍容华丽，后者的构筑装饰更优雅别致。

　　彩图 8-88~94 上华美的装饰取自《可兰经》，是阿拉伯装饰艺术的完美典范。图案中的波斯风格的花朵破坏了风格的统一，倘若去除这些花朵就几近完美了。这些图案的形式与色彩的运用，很具有借鉴意义。

　　可以推测，阿拉伯人很早便通过罗马遗迹的无数大理石残片，学习罗马人普遍的做法，用马赛克图案的几何样式装点他们楼宇丰碑的地面，彩图 8-95~122 展示了一系列阿拉伯人设计的变换花样的马赛克图案。对比一下彩图 8-95~122 中的阿拉伯马赛克、P25 中的罗马马赛克、P98~99 中的拜占庭马赛克，以及 P149~150 中的摩尔马赛克，装饰风格的异同便一目了然。很难找出哪一样元素是某个风格独有的，它们都见之于不同的风格。然而彼此间又形态各异，仿佛是用四种语言表达同一种思想。不同语言表达出的概念是一样的，但发音却大相径庭。

　　扭绳纹、交织的线条、交叉的双正方形，以及六边形内的等边三角形，这些都是图样形成的基本元素；不同之处在于色彩的布局、使用的材料以及装饰目的。阿拉伯人与罗马人用暗色调的马赛克装饰路面，摩尔人用 ⬡ 马赛克装饰墙裙，P98~99 上那些色彩更明亮的马赛克用于建筑的构筑部分。

彩图 8-1

彩图 8-2

彩图 8-3

彩图 8-4

彩图 8-5

彩图 8-6

彩图 8-1~20

这张彩图上的装饰图案取自开罗图伦（Tooloon）清真寺室内的楣梁和窗户拱腹。它们用石膏制成，几乎所有窗户的图案都稍有差异。整个建筑的主拱门也是如此装饰的；但只有一个拱腹的大碎片留存下来，可以让我们一探当时设计的风采。如彩图 8-53 所示

彩图 8-7，8-16~25，8-30,8-32,8-34,8-38 是窗户周围楣梁的装饰。剩下的图案取自窗户拱腹和门窗的边框

图伦清真寺于公元 876~879 年间建成，这些装饰也是来自那个年代。它是开罗最古老的阿拉伯建筑，也是最能体现尖拱设计的最早范例

彩图 8-7

彩图 8-8

彩图 8-9

彩图 8-10

彩图 8-11

彩图 8-12

彩图 8-13

彩图 8-14

彩图 8-15

彩图 8-16

彩图 8-17

彩图 8-18

彩图 8-19

彩图 8-20

彩图 8-21~39
这张彩图上的装饰图案取自开罗图伦（Tooloon）清真寺室内的楣梁和窗户拱腹。它们用石膏制成，几乎所有窗户的图案都稍有差异。整个建筑的主拱门也是如此装饰；但只有一个拱腹的大碎片留存下来，可以让我们一探当时设计的风采。如彩图 8-53 所示

彩图 8-21

彩图 8-22

彩图 8-23

彩图 8-24

彩图 8-25

彩图 8-27

彩图 8-28

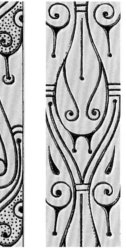

彩图 8-29

彩图 8-30

彩图 8-26

彩图 8-31

彩图 8-33

彩图 8-32

彩图 8-34

彩图 8-35

彩图 8-37

彩图 8-36

彩图 8-38

彩图 8-39

彩图 8-40　彩图 8-41　　彩图 8-42　　彩图 8-43　　彩图 8-44　　彩图 8-45　　彩图 8-46

彩图 8-47

彩图 8-48

彩图 8-49

彩图 8-50

彩图 8-51

彩图 8-53

彩图 8-52

彩图 8-54

彩图 8-40~46
取自苏丹卡洛翁（Ka-laoon）清真寺的护栏

彩图 8-47，48
取自苏丹卡洛翁清真寺的曲状楣梁

彩图 8-49，50
卡洛翁清真寺的装饰

彩图 8-51
取自苏丹卡洛翁清真寺曲状楣梁的装饰

彩图 8-52
木质层拱布道坛

彩图 8-53
图伦清真寺主拱门的拱腹

彩图 8-54
取自卡洛翁清真寺

卡洛翁清真寺建立于公元1284-1285年。所有的装饰都是在灰泥墙面未干时雕刻上去的。图案千变万化，哪怕是同一图案上的各部分也形态各异，可见不是通过模制或压印出来的

彩图 8-55
卡洛翁清真寺的装饰

彩图 8-56
取自卡洛翁清真寺

彩图 8-57
卡洛翁清真寺的装饰

彩图 8-58
取自卡洛翁清真寺

彩图 8-59
取自苏丹卡洛翁清真
寺曲状楣梁的装饰

彩图 8-60~62
卡洛翁清真寺的装饰

彩图 8-63
En Nasireeyeh 清真
寺围绕拱门的装饰

彩图 8-64
取自苏丹卡洛翁清真
寺曲状楣梁的装饰

彩图 8-55

彩图 8-56

彩图 8-58

彩图 8-57

彩图 8-59

彩图 8-60

彩图 8-61

彩图 8-62

彩图 8-63

彩图 8-64

彩图 8-65　　彩图 8-66　　彩图 8-67　　彩图 8-68　　　彩图 8-69　　　彩图 8-70　　彩图 8-71

彩图 8-65~71
取自苏丹卡洛翁清真
寺的护栏

彩图 8-72~75
取自苏丹卡洛翁清真
寺的曲状楣梁

彩图 8-76
En Nasireeyeh 清真寺
的木制楣梁

彩图 8-77, 8-78
木制楣梁

彩图 8-79
取自不同清真寺的装饰

彩图 8-80
En Nasireeyeh 清真
寺拱门的拱腹

彩图 8-81
卡洛翁清真寺窗户的
拱腹

彩图 8-72

彩图 8-73

74

75

彩图 8-74, 75

77

78

彩图 8-77, 78

彩图 8-79

彩图 8-80

彩图 8-76

彩图 8-81

109

彩图 8-82
El Markookeyeh 清真
寺的门

彩图 8-83
木制楣梁

彩图 8-84，85
取自不同清真寺的装饰

彩图 8-86
En Nasireeyeh 清 真
寺陵墓周围的横雕带

彩图 8-87
取自不同清真寺的装饰

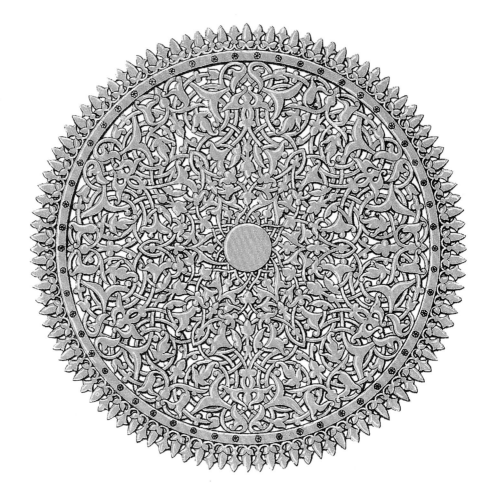

彩图 8-82

彩图 8-83 彩图 8-84

彩图 8-85

彩图 8-86

彩图 8-87

88

89

90

彩图 8-88~90

彩图 8-88~90
这些设计图案源自 El
Markookeyeh 清真寺
中收藏的《可兰经》
的精美的副本，El
Markookeyeh 清真寺
建于公元 1384 年

彩图 8-91~8-94
这些设计图案源自 El
Markookeyeh 清真寺
中收藏的《可兰经》
的精美的副本，El
Markookeyeh 清真寺
建于公元 1384 年

彩图 8-91

彩图 8-92　　　　　彩图 8-93　　　　彩图 8-94

彩图 8-95

彩图 8-96

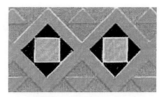

彩图 8-97

这些不同的马赛克图案来自开罗私人住宅和清真寺的地面。它们采用的是黑白两色大理石及红砖

彩图 8-98~100 是雕刻在白色大理石板上的图案，运用了红色和黑色的水泥

彩图 8-105 中央白色大理石上的图案稍微运用了一点浮雕

彩图 8-99

彩图 8-98

彩图 8-100

彩图 8-101

彩图 8-102　　彩图 8-103

彩图 8-104

彩图 8-105

彩图 8-106

这些不同的马赛克图案来自开罗私人住宅和清真寺的地面。它们采用的是黑白两色大理石及红砖

P105~114 上 的 图 案由詹姆斯·威廉·怀尔德（James William Wild）先生提供，他在开罗花了大量时间研究阿拉伯房屋的室内装饰，他的著作可以被看作是忠于开罗装饰原貌的摹本资料

彩图 8-107

彩图 8-108

彩图 8-109

彩图 8-111

彩图 8-112

彩图 8-110

彩图 8-113

彩图 8-114

彩图 8-115

彩图 8-116

彩图 8-117

彩图 8-118

彩图 8-119

彩图 8-120

彩图 8-121

彩图 8-122

第九章 土耳其装饰艺术

君士坦丁堡的土耳其建筑在结构上沿袭了早期拜占庭建筑；而在装饰上却是阿拉伯装饰的一种变体，二者之间的关系正如伊丽莎白时期装饰与意大利文艺复兴时期装饰的关系一样。

当一个民族向另一个民族借鉴艺术时，即便二者宗教信仰相同，但品性习气相异，借鉴一方的艺术从方方面面来看，都要比被借鉴的一方逊色。土耳其艺术与阿拉伯艺术之间的关系便是如此：两个民族天性的差异，也决定了各自艺术的高雅水平和精细程度的高下。

然而我们相信，土耳其人很少亲自进行艺术实践，他们多是委派他人执行而非自己动手。他们所有的清真寺和公共建筑都弥漫着混杂的风格。在同一个建筑中，阿拉伯和波斯的花卉图案可能相邻而列，还可以看到罗马式和文艺复兴式的拙劣模仿的细节，使得我们不由相信，建造者肯定与土耳其人的宗教背景不同。土耳其是近代以来首先摒弃祖辈传统建筑风格、采用当时流行样式的国家。这些摩登的楼宇宫殿不仅出自欧洲工匠之手，同时也采用了最广受认可的欧洲风格。

1851年的万国工业博览会中，土耳其人展览的作品是所有参展的伊斯兰国家中最逊色的。

M. 迪格·怀亚特先生对19世纪工业艺术状况进行了详细的记载，在他的书中可以看到参加1851年万国工业博览会的土耳其刺绣展览品，书中还展示了许多印度刺绣的珍贵样品以作对比。仅从土耳其和印度的刺绣作品来看，便高下立判，土耳其艺术明显逊色于印度艺术。印度刺绣布局匀称，合乎规范，堪为最精美的装饰珍品。

土耳其装饰中唯一出彩的莫过于土耳其地毯了；但这些地毯主要出产于小亚细亚，很可能并非出自土耳其人之手。地毯的设计是不折不扣的阿拉伯风格，与波斯地毯不同的是，土耳其地毯中的叶饰更为程式化。

对比一下P122和P107~110上的图案，它们之间风格的差异便一目了然。它们整体布局是一致的，但有些细小的差异不妨一提。

阿拉伯和摩尔风格的装饰表面略为滚圆，通过表面的凹刻线条来起到丰富装饰的效果；在空白处，通过彩绘来形成图案层层相叠的效果。

土耳其装饰相反，表面采用雕刻，土耳其人学习了阿拉伯人的黑线金花图样，如P111~112的阿拉伯手抄本中看到的彩饰那样，但土耳其是将图案雕刻在表面，与阿拉伯和摩尔式的凹刻羽毛饰相比，效果欠佳。

土耳其装饰有异于阿拉伯装饰的另一个特征是，土耳其人滥用了双A图案。

这在阿拉伯装饰中非常普遍，波斯装饰中尤甚。见P159~160。

这种图案在摩尔装饰中已经非常少见了。

伊丽莎白式装饰艺术受到法国和意大利文艺复兴的洗礼，它从东方借鉴经验，沿袭了这种双A图案，模仿当时非常普遍的大马士革波形花纹（damascene）。

在P120~121中可以看到，隆起部分总是在螺旋状母干的内侧，而在伊丽莎白装饰中，隆起的图案可能在母干内侧，也可能在母干外侧，二者并无差别。

波斯、阿拉伯和土耳其装饰同本末异，难以诉诸语言详加分辨；然而眼见便可区分出来，正如可以一眼分辨出罗马雕像和希腊雕像。这三种装饰风格的基本原理与传统叶饰的基本形制是一样的，不同的是空间疏密的分布，线条流转的韵味，主线条的走向，

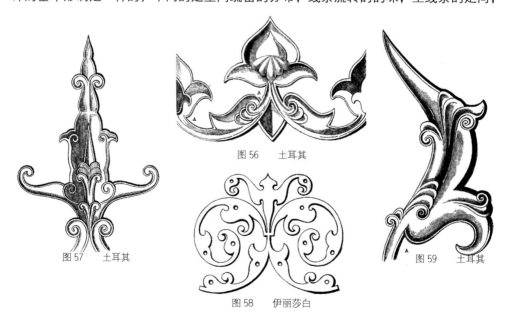

图 56　土耳其

图 57　土耳其

图 58　伊丽莎白

图 59　土耳其

以及编织图形的样式。从华美的程度以及粗精的程度可以辨别出，波斯装饰精致灵气、阿拉伯装饰同样精美而引人沉思，土耳其装饰则缺乏想象的成分了。

　　P123 展示的是位于君士坦丁堡的苏丹索利曼一世陵墓穹顶上的部分装饰；它是我们所知的土耳其装饰的最佳典范，几乎接近阿拉伯的装饰水平。土耳其装饰的一大特色是大量使用绿色与黑色；实际上，开罗的现代装饰也是如此。现在绿色使用得更普遍，古代庙宇中则主要使用蓝色。

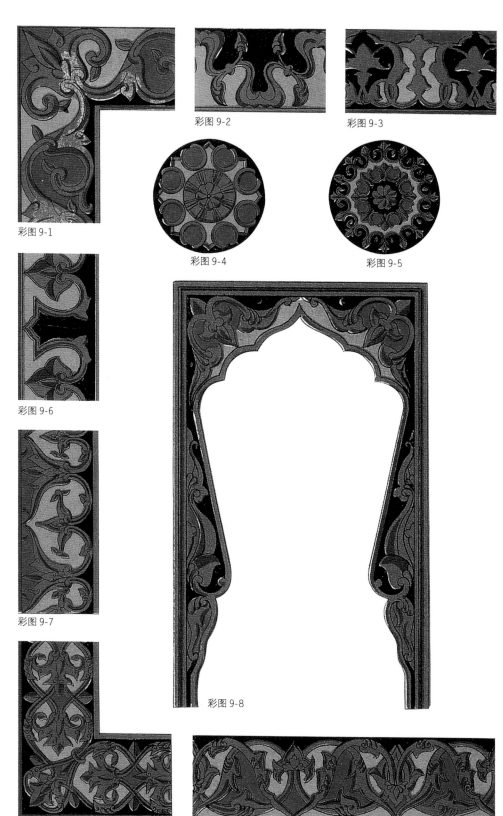

彩图 9-1
佩拉的喷泉，君士坦丁堡

彩图 9-2, 3
取自君士坦丁堡的陵墓

彩图 9-4, 5
取自苏丹索利曼一世（Soliman I）陵墓，君士坦丁堡

彩图 9-6
取自君士坦丁堡的陵墓

彩图 9-7
佩拉的喷泉，君士坦丁堡

彩图 9-8
取自新清真寺（或Yeni Djami），君士坦丁堡

彩图 9-9
佩拉的喷泉，君士坦丁堡

彩图 9-10
取自蓝色清真寺（又名苏丹艾哈迈德清真寺[Mosque of Sultan Ahmet]）清真寺，君士坦丁堡

彩图 9-1

彩图 9-2

彩图 9-3

彩图 9-4

彩图 9-5

彩图 9-6

彩图 9-7

彩图 9-8

彩图 9-9

彩图 9-10

彩图 9-11

彩图 9-12

彩图 9-13

彩图 9-14

彩图 9-15

彩图 9-16

彩图 9-17

彩图 9-18

彩图 9-19

彩图 9-20

彩图 9-22

彩图 9-21

彩图 9-11
取自君士坦丁堡的陵墓

彩图 9-12
取自苏丹索利曼一世
陵墓，君士坦丁堡

彩图 9-13，14
佩拉的喷泉，君士坦
丁堡

彩图 9-15~17
取自新清真寺（或
Yeni Djami），君士
坦丁堡

彩图 9-18
取自苏丹索利曼一世
陵墓，君士坦丁堡

彩图 9-19
取自君士坦丁堡的陵墓

彩图 9-20
取自炮门喷泉，君士
坦丁堡

彩图 9-21
取自新清真寺（或
Yeni Djami），君士
坦丁堡

彩图 9-22
取自炮门喷泉，君士
坦丁堡

彩图 9-23
取自新清真寺，君士
坦丁堡

彩图 9-24
取自新清真寺，君士
坦丁堡

彩图 9-25
苏丹索利曼一世清真寺
穹顶中央的蔷薇花饰

彩图 9-26
苏丹索利曼一世清真
寺穹顶下的拱肩装饰

彩图 9-27
苏丹索利曼一世清真
寺穹顶下的拱肩装饰

彩图 9-28
取自新清真寺，君士
坦丁堡

彩图 9-29
取自新清真寺，君士
坦丁堡

彩图 9-30
取自新清真寺，君士
坦丁堡

彩图 9-23

彩图 9-24

彩图 9-25

彩图 9-26

彩图 9-27

彩图 9-28

彩图 9-29

彩图 9-30

彩图 9-31
苏丹索利曼一世陵墓
穹顶上的部分装饰，
君士坦丁堡

彩图 9-31

第十章　摩尔式装饰艺术　取自阿尔罕布拉宫

　　本章摩尔式装饰艺术的示例全部取自阿尔罕布拉宫，不仅因为我们对阿尔罕布拉宫的装饰最为熟悉，也因为阿尔罕布拉宫是摩尔人无与伦比的装饰艺术体系的巅峰之作。阿尔罕布拉宫是摩尔艺术最辉煌的杰作，正如帕台农神庙是希腊艺术中的明珠一样。阿尔罕布拉宫中的每一处装饰都彰显了装饰的原理，用它来展现装饰艺术的法则再恰当不过了。我们从其他民族的装饰艺术中学习的装饰法则，都在阿尔罕布拉宫中有所体现，而摩尔人更加普遍且严谨地遵守这些法则。

　　阿尔罕布拉宫的装饰艺术里蕴含了埃及装饰的活灵活现，希腊装饰天然的优雅别致，以及罗马、拜占庭和阿拉伯装饰的几何布局。唯一美中不足的是，它缺乏埃及装饰所独有的象征性。摩尔人的宗教是严格禁止偶像崇拜的；但这一空缺由行云流水般的经文题词所弥补了，这些文字悦人眼目，神秘玄妙，激发能人志士去解读其中奥妙，文字传达的意绪之美和行文音乐般的韵律让读者浮想联翩。

　　对于艺术家和鉴赏家们而言，这些经文是重复观摩与钻研的摹本。在大众眼中，这些经文是在称颂君主的赫赫威严与丰功伟绩。在帝王眼中，这些经文不断传达了一个要义，即安拉的威力至高无上，"万物非主，唯有安拉"，要永远赞美与荣耀安拉。

图 59 "万物非主，唯有安拉。"阿尔罕布拉宫上的阿拉伯经文

　　阿尔罕布拉宫的建造者们深知他们打造的是一件杰作。因此他们在建筑墙壁上镌刻的经文中宣称，该建筑无出其右，它那富丽的穹顶让其他所有的穹顶都相形见绌。他们不无打趣夸张地在诗歌中声称，阿尔罕布拉宫让星辰都嫉妒而黯然失色，此外，建造者

也宣称，仔细研究阿尔罕布拉宫的人等于上了一堂丰富的装饰课。

我们不如就依照诗中所说，在此讨论摩尔人在阿尔罕布拉宫中运用的一些装饰准则——这些准则不是他们发明的，而是所有艺术辉煌期普遍的准则。它们是放诸四海而皆准的，只是形态有所差异而已。

1. [6]摩尔人遵守建筑第一准则——建筑需要装饰，但不要建造装饰；摩尔建筑中的装饰不仅是建筑自然的延伸，而且表面装饰的所有细节中都透露着建筑思想。

我们相信，真正的建筑之美源自"视觉、智力与情感都获得满足而无所他求时的恬静感"，当装饰物被放错了位置，它似乎是延伸自建筑或服务于建筑，而实际上二者皆非时，它就无法产生这种恬静感，因而无法称为真正意义上的美，无论它本身多么和谐。穆斯林尤其是摩尔人都十分尊崇这一准则：每一处装饰都各尽其用，恰到好处，与装饰表面恬静自然地融合在一起。摩尔人一直认为装饰有用即美，这样想的不仅是摩尔人，所有巅峰时期的艺术都秉承着这样的思想。只有当艺术衰败了，人们才将这些真正的准则抛之脑后；抑或是像当代这样模仿抄袭盛行的年代，仿制过去的作品，却丢掉了赋予原作神韵的灵气。

图60

2. 线条起伏波动、层层相生。应不存在赘余的部分。任何部分的删减都不会为整体增添美感，反而可能破坏了原有的美感。

总体而言，细心打造的建筑不应该有赘余的部分，我们所说的赘余更为狭义：轮廓线应熨帖地修饰建筑，但如果有隆起处或浮凸饰物的部分，它们应该与轮廓线之间逐渐过渡，否则即便它们没有破坏建筑的规则，也可能会破坏构图的美感。

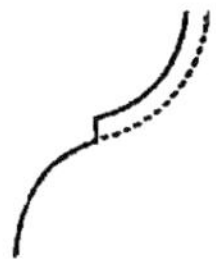

图61

富有美感的形式，线条的疏密调和，都无一例外地会产生一种恬静感。

无论是从曲线过渡到曲线，还是直线过渡到曲线，都应徐缓地渐变。

图62

倘若图60的渐变太陡变成图61那样，这样的过渡就不和谐了。倘若两条曲线需要分割开来（如图62所示），正如摩尔人一贯的做法，那么沿着曲线画一条平行的假设线，让两条曲线相切；倘若不这样做，比如像图63中

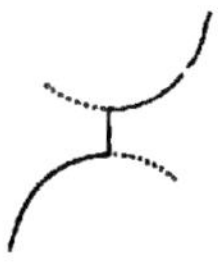

图63

---

〔6〕 关于阿尔罕布拉宫的装饰普遍原则的内容摘自作者所著的《水晶宫的阿尔罕布拉宫展厅指南》一书。

那样，观看者的视线无法随着线条的走向向下延伸，而是突然向上看，就失去了视觉上的恬静感。[7]

3. 首先要考虑整体形制，用轮廓线将整体分割为不同部分；不同部分的空白处布满装饰，接着对部分进行再细分再装饰，值得更细致的观摩。摩尔人精雕细琢，于细微处见精深，仔细观察，方能领略装饰和谐的美观效果。这些局部的分配达到和谐的对立与统一，多姿多彩，细节绝不破坏整体的形制。远观时，整体轮廓映入眼帘，靠近时，装饰细节浮出水面，近睹时，装饰表面还有另一番景象，美不胜收。

4. 形式的和谐来自于直线、斜线与曲线之间合适的平衡与对比。

如同在色彩上三原色缺一不可一样，要想达到完美的构图，无论是构筑性还是装饰性的样式，三种线条都缺一不可，构图与设计的变化与和谐取决于三种线条之间主次关系的变化。[8]

只采用直线的表面装饰是比较单调乏味的，比如图64，无法起到赏心悦目的效果。但如果增加了斜线，比如图65，画面立刻畅快了起来。倘若再将圆圈添加进来，画面就和谐了，比如图66。此图中，方块是主导元素，斜线和曲线起到辅助的效果。

我们也可以采用斜线构图来达到同样的效果，比如图67；图68中增加的线条扶正了我们的视线，使得我们的目光并不只是被斜线带走；然而再加上这些圆圈，比如图69，画面就和谐圆满了，也就是一种恬静感——视觉获得满足而别无他求。（我们发现这么多吊挂纸饰、地毯以及服装设计失败，就是因为忽略了这一原理。吊挂纸饰上的线条在穹顶的分布有失美感，因为缺乏斜线和直线之间，以及斜线和曲线之间的对冲调和；地毯上的线条也往往全是一个方向，将观者的目光直接引

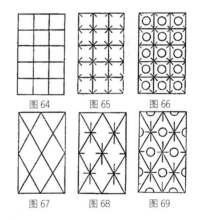

图64　　　　图65　　　　图66

图67　　　　图68　　　　图69

---

〔7〕　希腊人最擅长进行这种线条的过渡，无论是建筑的线脚还是花瓶的轮廓，其精美细致的程度都无与伦比。

〔8〕　希腊神庙最好地诠释了和谐的形制，直线、斜线和曲线之间都达到了完美的关系。很多哥特式建筑也提供了良好的典范。直线的走向被斜线或曲线对冲调和；因而，扶壁的帽檐对冲调和了直线向上的走向；所以山墙也是刚好与弧形的窗顶和垂直的竖框对冲调和的。

向房间的墙壁。服饰上的那些拙劣的方格图案反而破坏了人体的形态——这样的风俗降低了大众的审美品位，让人们的眼睛习惯了这种样式而降低了标准。如果小孩子听着咯咯吱吱不和谐的声音出生长大，他们一定听力受损，因而丧失了欣赏悦耳声音的能力。对于视觉设计也是一样的道理，我们这一代人要全心全力遏制这一现象的恶化，不要让它发生在下一代的身上。）

5. 摩尔人的表面装饰中，所有的线条都是从同一个母干中放射出来的；每一个无论放置多远的装饰物都能追回到它的分支和源头。摩尔人将装饰物要适合被装饰表面的艺术原则运用得得心应手，仿佛是装饰物彰显了整体构图，同样整体构图也烘托了装饰物。摩尔人所有的装饰作品里，叶饰都是从母干中放射出来的，在摩尔人的装饰中我们不会看到在现代装饰中经常任意无由增加的装饰。无论装饰物要填充的空间有多么无规则，摩尔人总是将它分割成等份，然后在不同等份之间填充细节，这些细节也都要追回到它们的母干。

这种线条分布的原理仿佛效法自然，正如藤叶；树液沿着母干输送到末端，显然母干要尽可能地将叶片分成等份。同样的，每一个部分又进行了再细分，同样遵守等分原则，哪怕是最细一层的分配也是如此。

图 70

6. 摩尔人也遵循母干放射的准则，如同我们在人的掌纹和板栗叶纹中观察到的那样。

图示中我们可以看到这些线条如何优美地从母干中舒展开来；每片叶子微妙地在末端处缩小了比例，叶子的每个局部都与整体协调一致。东方人将这一准则运用得炉火纯青；希腊人在他们的忍冬花饰中也是如此。第四章中我们已经提到了希腊的一种特殊装饰，像是仙人掌植物的形制一样，即叶子片片相生的样式。希腊装饰普遍如此，莨苕涡旋叶饰便是一系列叶片层层相生形成一条连续的曲线，而阿拉伯和摩尔式装饰中的叶饰是从一条连续的线条中分岔出来的。

图 71

7. 曲线与曲线，以及曲线与直线的交汇处应该彼此相切，这也是我们观察自然当中普遍存在的法则，东方人进行艺术实践的时候总是遵守这一法则。摩尔人也同样遵守，从他们的羽毛纹饰和叶片的接合可以看出这一点。这一特征为样式增添了额外的优雅魅力，见之于所有完美的装饰作品中。我们可以称之为形式的韵律，我们之前也提到过，它是营造和谐效果不可或缺的一部分。

空间等分、母干放射、线条连续和曲线相切这些原理都体现在大自然的植物叶片当中。

8. 我们应该注意到阿拉伯和摩尔式装饰中运用的那些精美的曲线造型。

就比例而言，这些精美的曲线比例难以用肉眼察觉[9]，曲线的构图和谐一致，堪为佳品，丝毫看不出机械加工的痕迹。我们发现所有巅峰期艺术的线脚和装饰都以高妙的曲线造型为基础，比如圆锥的截面；而当艺术进入衰落期时，圆圈和用圆规画出的图案就会流行起来。

彭罗斯的研究发现，帕台农神庙中的线脚和曲线的曲率都非常高妙，很少使用圆弧。希腊花瓶精美的曲线闻名于世，而其中不包括任何圆弧。相反，罗马建筑缺乏这种精美；可能罗马人不懂描绘和欣赏曲率高妙的弧线，因而我们可以发现，他们的线脚大多是用圆规就可以画出来的圆弧造型。

在哥特艺术的早期阶段，花饰窗格还没有后期那么严重的圆规作画的痕迹，后期艺术滥用圆规作图，以至于我们用"几何式"来形容后期的哥特作品。

这里展示的曲线（图72）在希腊艺术和哥特时期都比较普遍，穆斯林也同样偏爱这样的样式。两段弧形的弧度越饱满，线条也就越优雅。

9. 阿拉伯人和摩尔人的装饰作品还有另一大魅力，即他们对装饰图案程式化的处理。因为他们的宗教信仰不许将生灵具象化，于是他们将装饰图案的程式化处理做到了极致。他们的作品仿佛造物主创造大自然一般，但又不是简单地模仿自然；他们习得大自然的设计原理，却不像我们一样照搬照抄造物主的杰作。同样，做到这一点的不仅仅是摩尔人，在一切信仰艺术的时代，所有的装饰都向着理想的标准靠拢，因而高贵典雅；

图72

---

[9]　全部以方块或圆圈构图会单调乏味，因为一眼便能看出是如何绘制的。因而我们认为，更复杂的造型要比简单的等分线条或等分部分组成的构图更具有美感，也需要更多的心思来欣赏揣摩。

它们从不会为了原封不动地模仿自然而失去现实与艺术之间的准绳。

因此，埃及人雕刻在石头上的莲花绝不会让人误以为是真的而想要采摘，它是一种程式化的再现方式，并且欣合无间地成为建筑的一部分；它象征了莲花开放之国的君权，并且为原本粗陋的支撑物增添了诗意。

那些庞大的埃及人物雕像并不仅仅是放大了比例的人物造型，而是建筑的再现艺术，象征着君权，包含了君权和君主对臣民的仁爱。

希腊艺术中的装饰不再如同埃及装饰那样具有象征意义，而是更加程式化；希腊建筑中的造型和浮雕都进行了程式化的处理，与独立雕刻作品的处理方式很不一样。

在哥特艺术的巅峰时期，花卉装饰进行了程式化处理，而绝不是直接模仿大自然；但是当艺术走向衰落的时候，这些装饰图案也不再遵守理想的标准，成了简单的模仿物。

彩色玻璃也经历了这样的衰落，最初彩色玻璃上的人物造型和装饰图案都是程式化的；但是当艺术衰落时，这些彩色玻璃上的人物和衣裾便通过光线变化采用了光影效果。

在早期的手抄本中，装饰是程式化的，绘图采用平涂，少有深色而没有阴影；后期手抄本中将逼真的花卉图案作为装饰，并且有了光影效果。

摩尔装饰的色彩运用

当我们审视摩尔人采用的色彩体系时可以发现，他们对色彩的运用如同形式一样，通过观察自然而总结出颠扑不破的原理，所有具有高超艺术水平的国家也都遵循这些原理。这些原理贯穿了所有信仰艺术的古老艺术风格，尽管各派艺术都体现了一定的地方特色或时代的气息，但我们可以找出它们之间亘古不变的共性：表现的形式不同，表达的语言不同，但它们蕴含的伟大思想是一样的。

10. 古代人总是运用色彩来为整体形式添彩，用色彩烘托出建筑的构筑特征。

因此，埃及柱式中，柱基象征着莲花或纸莎草花的根部，柱身象征着茎秆，柱头象征着花朵和花苞，不同颜色的运用为柱子增添了力量感，不同线条的轮廓也显得更为饱满。

哥特式建筑也运用色彩来美化镶板和窗饰的造型，当今的建筑色彩单调乏味，因而难以想象当时建筑绚烂的风采。那些琼楼玉宇纤长的柱子上，绘有盘旋向上的彩色线条，增加了柱子的立体感，让它们看起来更加挺拔向上，并且修饰了柱子的轮廓。

我们可以发现，东方艺术习惯用颜色来突出建筑的构筑线条。色彩运用得当的话，会从视觉上增添建筑的高度、长度、宽度或分量感，加上浮雕装饰的色彩，建筑造型总能推陈出新，要是没了这些色彩，建筑也便少了那么多姿态了。

大自然中万物形态的变化总是伴随着色彩的变幻，艺术家们从大自然中汲取灵感，总结规律，运用色彩来打造出千差万别的造型。比如，花朵的叶片、茎秆以及它们生长的土地颜色各不相同。同样可以通过颜色的变化来变化人物造型；头发、眼睛、眼睑和睫毛的颜色、红润的唇色、绯红的双颊，百态横生，烘托出整体的造型。我们都清楚，倘若没有或缺失这些色彩，仿佛是生了病一般，失去了应有的特征和表达效果。

倘若自然万物都是一种颜色，那么便无从区分物与物之间的形态与特点。造物主赋予万物千变万化的色彩，因而万物有了独特的造型与轮廓。如此一来，清秀的百合花便可与它脚下的野草分辨开来，而所有色彩之母的闪耀的太阳，也可以与它背后的苍穹区分开来。

11. 摩尔人的灰泥作品中无一例外地运用了红、黄（金）、蓝三原色。只有马赛克的墙裙使用了紫、绿、橙的间色，相对于上方明亮的色彩而言，墙裙上的间色更靠近视线，给人一种宁静感。如今看来很多摩尔装饰的背景都是绿色；但是如果仔细审视的话，我们会发现最初运用的其实是一种有金属光泽的蓝色，随着时间的推移变成了绿色。遗落在墙壁裂缝中那蓝色的斑点便是明证。天主教国王在修复这些建筑之时，将背景重新涂绘成了绿色或紫色。值得一提的是，无论埃及人、希腊人、阿拉伯人还是摩尔人，在其早期艺术阶段几乎只使用三原色；而当艺术开始没落的时候，间色便开始盛行。因此，我们可以发现，埃及法老的神庙主要运用了原色；托勒密王朝的神庙主要使用间色。同样，早期的希腊神庙主要使用原色，而在庞贝的神庙中可以发现各种各样的色彩与色调。

现代的开罗，或者说东方普遍都将绿色与红色一同使用，在更早时期蓝色是与红色一起使用的。

中世纪的作品亦是如此。在早期手抄本和彩色玻璃中，尽管也可以看到其他色彩的痕迹，但主要使用的还是原色；到了后期，色彩色调便五花八门了，但是效果并不理想。

12. 摩尔人运用色彩有一个规律，原色运用在装饰对象的上方，间色和复色用在装饰对象的下方。这个规律也符合自然规律：天空是原色蓝色，树木田野是间色绿色，大地是复色；花朵的色彩分布也是如此，花苞和花朵一般是原色，叶子和茎秆是间色。

艺术的辉煌时期，古人总能发现这条规律。然而在埃及艺术中我们确实偶尔发现庙宇的顶部使用了间色绿色，但这是因为埃及的装饰是具有象征意味的，如果建筑的上方用莲叶来装饰，当然要用绿色；但大体来说，埃及艺术还是秉承着这一自然规律的。法老时期的埃及庙宇总是上方使用原色，下方使用间色；但到了托勒密时期，尤其是罗马时期，人们反其道而行，庙宇上方用棕榈叶和莲叶装饰的柱头采用了浓郁的绿色。

在庞贝建筑中，我们不时会发现房屋内部从房顶到底部颜色从浅到深渐变，最后以黑色收束，但这种现象并没有普遍到成为定律。第五章中我们已经展示过了在穹顶就使用黑色的例子。

13. 今日我们所看到的阿尔罕布拉宫中的装饰，尤其是狮庭中的装饰表面覆盖了几层薄薄的涂层，是在历史不同时期粉刷上去的，尽管如此，我们依旧有足够的自信恢复它们往日的风姿。当然，一部分原因是，如果轻轻磨去装饰缝隙表面的涂层，可以看到它们原本的颜色，但更大的原因是，阿尔罕布拉宫的色彩体系完美无瑕，对它有研究的人几乎在一眼见到一个白色的摩尔装饰时，就可以断定它原本的颜色。所有建筑造型的设计也融合了色彩体系，什么样的表面用什么颜色都是有讲究的。因此，摩尔人将蓝、红和金三色用在最显眼的地方，这样可以衬托出建筑整体的效果。摩尔人将最强烈的红色用在雕刻凹陷最深的地方而不是表面，这种强烈的颜色在阴影的遮蔽下会看上去柔和一些；蓝色用在阴影里，而金色用在采光充分的表面。显然，仅凭这样的色彩分配就能达到一定的视觉效果。这些颜色要么用条状白色分隔开来，要么通过装饰浮雕本身的阴影来分隔——这几乎是固定不变的色彩原理——色彩之间应该界线分明，不应彼此重叠。

14. 菱形方格背景上一般大面积使用蓝色，这符合通过棱镜光谱实验印证的光学原理。3 份黄色、5 份红色和 8 份蓝色的分配，可以让光线彼此中和，蓝色的用量要等于红、黄两色的总和，这样色彩效果才和谐，避免任何一种颜色过于抢眼。在阿尔罕布拉宫中，摩尔人用一种偏红的金色取代了黄色，蓝色进一步增加，是为了避免过多的红色压过其他的颜色。

交织图案

第四章中我们已经提到，摩尔人千姿百态的等长线条交织图案可以一直追溯到阿拉伯装饰以及希腊的回纹饰。P135-136 中的装饰是基于两个基本原理设计的；彩图 10-1~13，10-17，10-18 的设计符合一个原理（图 73），彩图 10-15 符合另一个原理（图 74）。第一组当中的等长斜线被每个方格中的水平方向和垂直方向的线条切割。但在彩图 10-15 中，水平和垂直方向的线条是等长的，而斜线是跳着交替着切割这些方块的。这两种图案体系可以生出无数的样式，如 P135-136 中所示，倘若将背景和表面的线条赋予不同的颜色，那么得到的样式更是数不胜数。如果我们突出其中的某些线条或区块，那么整个样式就又有了新的面貌。

图 73

图 74

菱格纹饰

我们认为，P139~140 已经充分展现了摩尔装饰的精湛过人。这些图案仅用三种颜色便营造出该书中最为和谐美观的效果，并且散发着无与伦比的魅力。我们之前探讨过的诸多原理都淋漓尽致地体现在该页的图案上，其中包括了主线的延续，曲线的过渡，线条相切，装饰分布在主线两侧，花朵追溯回到根茎，以及轮廓线的分割与再分割。

方形菱格纹饰

彩图 10-41 就很好地阐释了我们讨论的一个原理，即直线、斜线与曲线之间的平衡会产生一种恬静感。这里有水平线、垂直线和对角线，还有用来平衡这些线条的圆圈。因而观者的目光总能达到平衡，不会向任何一个方向倾斜，目光可以停留在任何一处。观者的目光从铭文、装饰镶板和中央的蓝色背景，随着蓝色的羽毛过渡到了红色背景上，给人欢畅明媚之感。

彩图 10-42~44 的装饰的主线条与 P135~136 中的交织图案是一样的设计。在彩图 10-42 和彩图 10-44 中，彩色背景的布局给人以恬静感；除了形式美之外，还增添了一种色彩美。

彩图 10-46 中的样式是天顶的一部分，这样的例子在阿尔罕布拉宫中不胜枚举，都是用方块与弧形交叉变幻出来的。P111~112 中的《可兰经》摹本里的装饰图案也运用了相同的原理，这种图案在阿拉伯房屋中也很普遍。

彩图 10-45 的图案别具匠心，精致极了。这些图案都很相似，体现了摩尔设计中最重要的一大原理——重复变幻几样简单的基本元素，就能打造出最精美绝妙的艺术效果。

将摩尔装饰化繁为简会发现，其实它们全部都是几何构图。摩尔人天马行空地幻化出绚丽的马赛克镶嵌画，可见他们多么偏爱几何形式。尽管 P149~150 中的图案乍看上去眼花缭乱，但只要了解了背后的设计准则，便茅塞顿开了。这些图案都是遵循等长线条与固定的中心交织的原理生成的。彩图 10-48 就是基于彩图 10-51 的原理生成的，这一原理派生出了最丰富的样式。实际上，基于这种原理的几何组合可以说是无穷尽的。

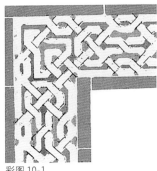

彩图 10-1

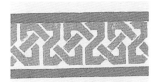

彩图 10-2

彩图 10-3

彩图 10-1~3
马赛克墙裙的边框

彩图 10-4~8
石膏装饰图案，墙壁
镶板上的水平和垂直
饰带

彩图 10-9~10
马赛克墙裙的边框

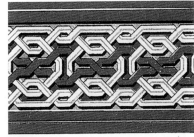

彩图 10-4

彩图 10-5

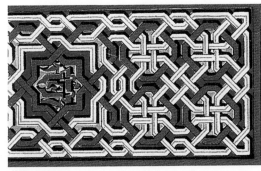

彩图 10-6

彩图 10-7

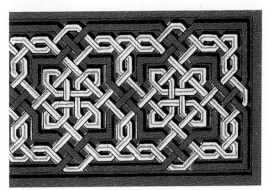

彩图 10-8

彩图 10-9

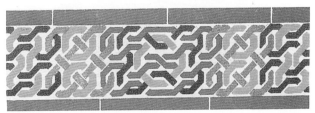

彩图 10-10

彩图 10-11~12
石膏装饰图案，墙壁
镶板上的水平和垂直
饰带

彩图 10-13
马赛克墙裙的边框

彩图 10-14
铭文饰带末端的方形
终止符

彩图 10-15
石膏装饰图案，墙壁
镶板上的水平和垂直
饰带

彩图 10-16
铭文饰带末端的方形
终止符

彩图 10-17
船厅大拱门上的彩绘
图案

彩图 10-18
马赛克墙裙的边框

彩图 10-11

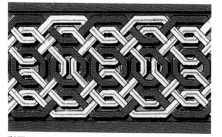

彩图 10-12

彩图 10-14

彩图 10-16

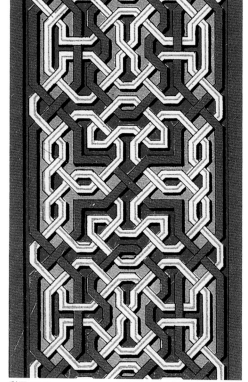

彩图 10-13

彩图 10-15

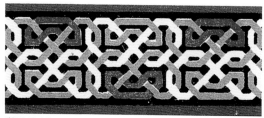

彩图 10-17

彩图 10-18

136

拱肩

彩图 10-19
取自狮庭的中央拱门

彩图 10-20
取自司法厅的大拱门

彩图 10-21
取自司法厅的大拱门

彩图 10-19

彩图 10-20

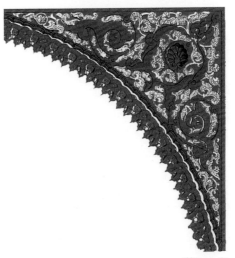

彩图 10-21

137

拱肩

彩图 10-22
取自从鱼池厅到狮庭
的入口

彩图 10-23
取自双姐妹厅的入口

彩图 10-24
取自从船厅到鱼池厅
的入口

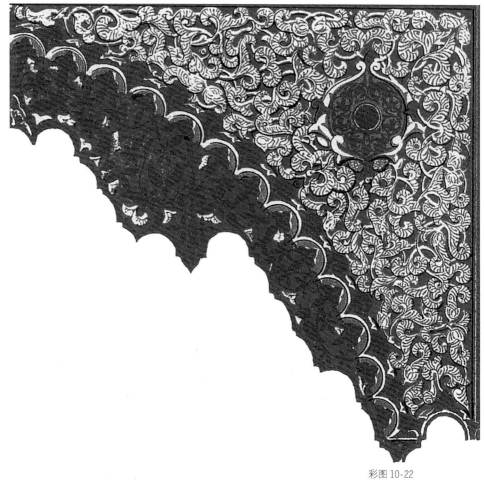

彩图 10-22

彩图 10-23

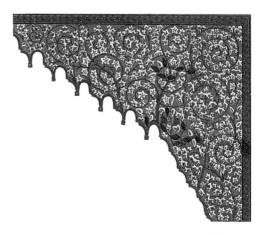

彩图 10-24

彩图 10-25

彩图 10-26

彩图 10-27

菱形图案

彩图 10-25
狮庭入口拱门上方的装饰

彩图 10-26
阿文塞拉赫厅镶板上的装饰

彩图 10-27
使节厅镶板上的装饰

彩图 10-28
船厅镶板上的装饰

彩图 10-29
狮庭入口拱肩上的装饰

彩图 10-30
双姐妹厅的门道上的装饰

彩图 10-29

彩图 10-28

彩图 10-30

菱形图案

彩图 10-31
使节厅镶板上的装饰

彩图 10-32
清真寺厅镶板上的装饰

彩图 10-31

彩图 10-32

彩图 10-33

彩图 10-34

彩图 10-35

彩图 10-36

彩图 10-37

彩图 10-38

菱形图案

彩图 10-33
阿文塞拉赫厅
（Abencerrages） 拱
肩上的图案

彩图 10-34
清真寺镶板上的装饰

彩图 10-35
使节厅镶板上的装饰

彩图 10-36~37
双姐妹厅拱肩上的装饰

彩图 10-38
清真寺镶板上的装饰

菱形图案

彩图 10-39
鱼池厅入口大拱门的
拱腹

彩图 10-40
使节厅镶板上的装饰

彩图 10-39

彩图 10-40

方形菱格图案
彩图 10-41
狮庭柱子上方的横雕带

方形菱格图案
彩图 10-42
使节厅的窗户镶板

彩图 10-42

方形菱格图案
彩图 10-43
使节厅的中央凹陷处
的镶板

方形菱格图案

彩图 10-44

俘虏塔的墙壁镶板

彩图 10-44

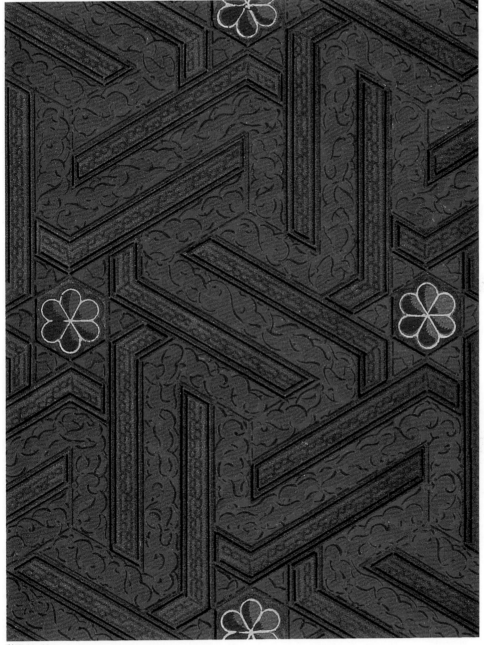

方形菱格图案
彩图 10-45
桑切斯厅的墙壁镶板

彩图 10-45

147

方形菱格图案

彩图 10-46
鱼池厅门廊天花板的
一部分

彩图 10-46

彩图 10-49

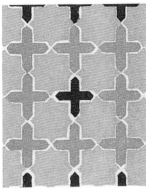

彩图 10-47

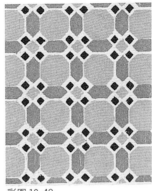

彩图 10-48

马赛克镶嵌画

彩图 10-47
使节厅的壁柱

彩图 10-48
使节厅的墙裙

彩图 10-49
双姐妹厅的墙裙

彩图 10-50
司法厅的壁柱

彩图 10-51
双姐妹厅的墙裙

彩图 10-52
双姐妹厅的墙裙

彩图 10-53
使节厅的壁柱

彩图 10-54
双姐妹厅的墙裙

彩图 10-50

彩图 10-51

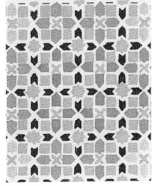

彩图 10-52

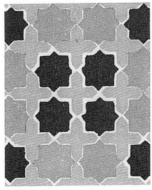

彩图 10-53

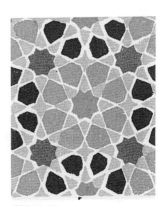

彩图 10-54

149

彩图 10-55
浴室的墙裙

彩图 10-56
取自司法厅的柱子

彩图 10-57
使节厅的墙裙

彩图 10-58
使节厅的墙裙

彩图 10-59
使节厅中央窗户的墙裙

彩图 10-60
鱼池厅的沙发的墙裙

彩图 10-61
使节厅的壁柱

彩图 10-62
司法厅的墙裙

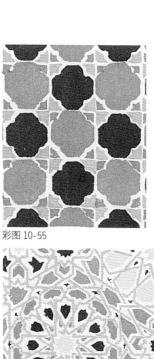

彩图 10-55

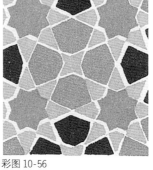

彩图 10-56

彩图 10-57

彩图 10-58

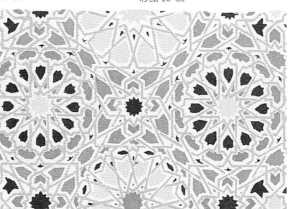

彩图 10-59

彩图 10-62

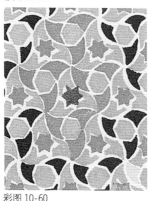

彩图 10-60

彩图 10-61

第十一章　波斯装饰艺术

从弗兰丁和考斯特的著作《波斯之旅》中可以看出，波斯的伊斯兰建筑似乎没有达到开罗的阿拉伯建筑的精湛水平。波斯建筑尽管一派富丽堂皇之气，但它们的整体轮廓不够规范，缺少开罗建筑优雅的构筑特质。波斯建筑的装饰体系也没有阿拉伯装饰和摩尔装饰那么工整规范。与阿拉伯人和摩尔人不同的是，波斯人自由地加入动物形象，撷取现实场景里的各式主题，因而装饰风格也便没那么纯粹。然而阿拉伯人和摩尔人的装饰铭文是为了满足一定的宗教需求的，装饰更具整体结构观念，因而更为精美细腻。波斯装饰是混合风格，它像阿拉伯装饰这样融合了程式化的内容，或许二者就是同根同源，波斯装饰效法自然，或许同时影响了阿拉伯和土耳其艺术风格，甚至阿尔罕布拉宫也一定程度上受到了这种熏陶。波斯的手抄本引人瞩目，无疑曾经广泛流传于伊斯兰国家，将这种混合风格远播。开罗与大马士革的房屋装饰，尤其是君士坦丁堡的清真寺和喷泉都荡漾着这种混合风格；波斯花瓶和阿拉伯传统装饰的镶板上常常饰有锦簇花团。印度美术馆（P180~183）的一本书的封面就是一例：封面的正面是纯粹的阿拉伯风格，而封面的内页（P184~185）却蕴含波斯特色。

P155~156上的装饰取自大英博物馆的手抄本，同样也展现了我们所说的混合风格。这些几何构图完全是程式化的装饰，与阿拉伯装饰颇有渊源，但在布局上不够圆满。而彩图11-2~8，11-10和11-12，11-13再现了墙壁上的挂毯的背景，它们优雅大方，背景分明。

P157~158上的图案主要是路面和墙裙的图案，可能是波斯人偏爱大量使用的釉砖上的图案。它们与阿拉伯和摩尔的马赛克相比，无论是空间布局还是色彩分布都逊色得多。通过观察可以发现，波斯人对间色和复色的使用要远多过阿拉伯人（P111~112）或者摩尔人，阿拉伯人和摩尔人主要使用红、蓝和金来营造和谐的视觉效果，一眼便可发现这样效果更佳。

P159~160上的图案与阿拉伯装饰更为相似；彩图11-53，11-55，11-57，11-

64~67是普遍出现在波斯手抄本章节开头处的装饰，尽管在这里展示出来的变化不大，但实际上它们种类繁多。它们与阿拉伯的手抄本（P74）相比，装饰的构筑的主线条以及装饰表面的再装饰都十分类似；但是空间分布没有阿拉伯装饰那么匀称。尽管如此，它们都遵守着相同的普遍原理。

P161~164的图案取自马尔伯勒宫的一个波斯手工艺者的装饰图案手册，颇有意味。这些设计优雅精美，对花朵程式化的处理兼具了简约与精深的特点。这些图与P165~166的图案都十分宝贵，它们将这种程式化的处理做到极致而不过火。作为装饰的花朵要符合几何构图，不必如后期的中世纪手抄本中那样打阴影，请见P245~246；现代的纸张与地毯上的花饰往往因为加了阴影而备受诟病。P165~166顶端的装饰构成了书籍的首页和边框，展现了纯粹的装饰性图案与写实的自然图案杂糅混合的风格，这是波斯装饰的一大特征，同时也是它逊色于阿拉伯装饰和摩尔装饰的原因。

彩图 11-1

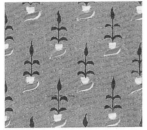

彩图 11-2

彩图 11-3

彩图 11-4

彩图 11-1~10
取自波斯手抄本的装
饰，大英博物馆

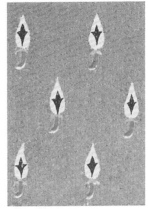

彩图 11-7

彩图 11-5

彩图 11-6

彩图 11-8

彩图 11-9

彩图 11-10

彩图 11-11~19
取自波斯手抄本的装
饰，大英博物馆

彩图 11-12

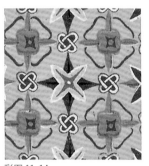

彩图 11-11

彩图 11-13

彩图 11-14

彩图 11-16

彩图 11-15

彩图 11-17

彩图 11-18

彩图 11-19

彩图 11-20

彩图 11-23

彩图 11-24

26

27

28

29

彩图 11-26，27，28，29

彩图 11-21

彩图 11-22

彩图 11-25

彩图 11-30

彩图 11-20~30
取自波斯手抄本的装
饰，大英博物馆

彩图 11-31~42
取自波斯手抄本的装
饰，大英博物馆

彩图 11-31

32

33

34

35

彩图 11-32，33，34，35

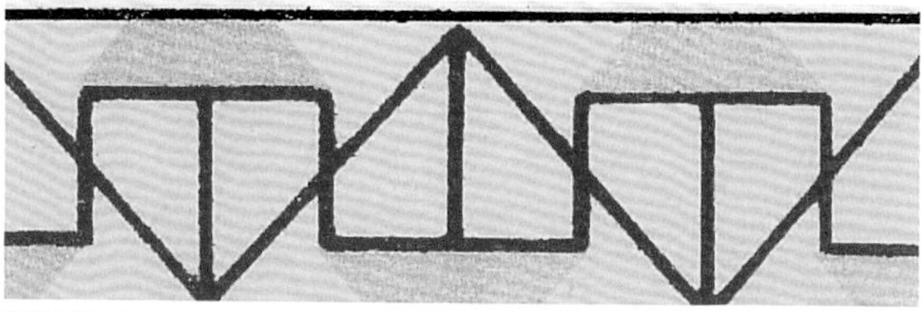

彩图 11-36

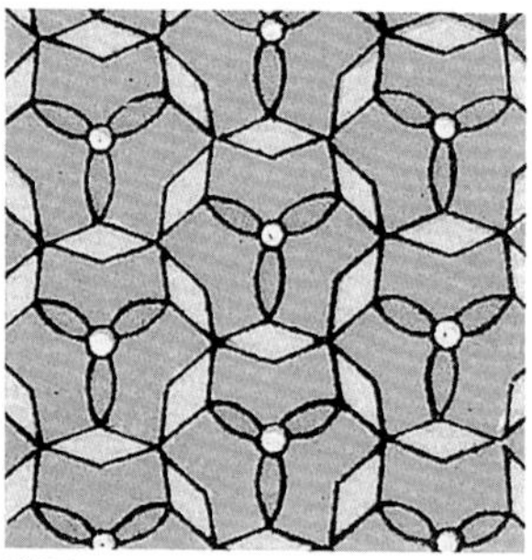

彩图 11-37

彩图 11-38

彩图 11-39

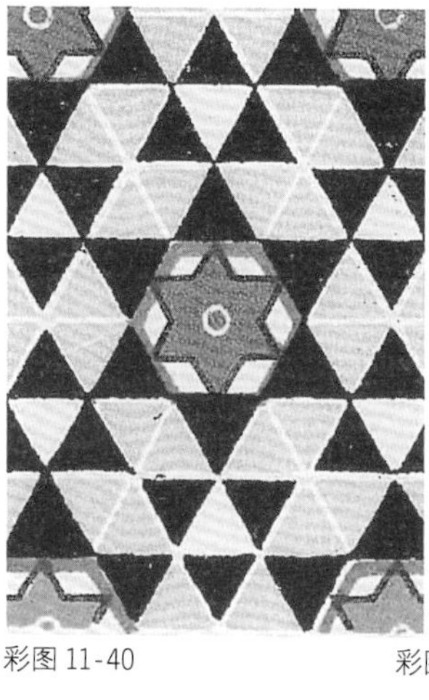

彩图 11-40

彩图 11-41

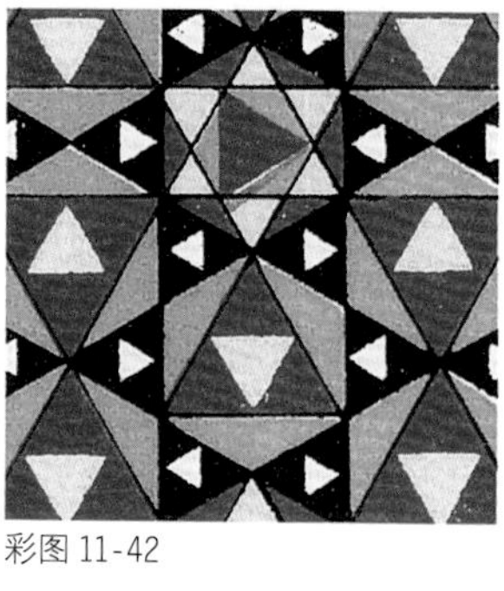

彩图 11-42

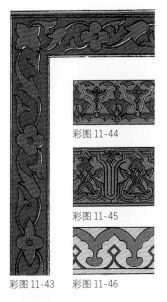

彩图 11-44

彩图 11-45

彩图 11-43

彩图 11-46

彩图 11-47

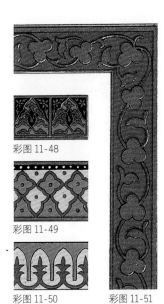

彩图 11-48

彩图 11-49

彩图 11-50

彩图 11-51

彩图 11-43~58
取自波斯手抄本的装
饰，大英博物馆

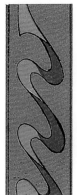

彩图 11-52

彩图 11-53

彩图 11-54

彩图 11-56

彩图 11-55

彩图 11-57

彩图 11-58

159

彩图 11-59~67
取自波斯手抄本的装饰，大英博物馆

彩图 11-59　　　　彩图 11-60　　彩图 11-61　　彩图 11-62　　彩图 11-63

彩图 11-64

彩图 11-65

彩图 11-66

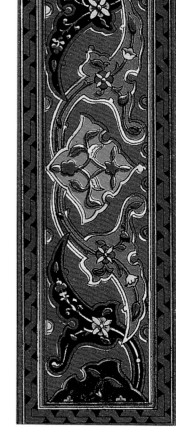

彩图 11-67

彩图 11-68

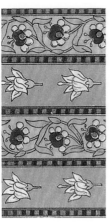

彩图 11-69

彩图 11-70

彩图 11-71

彩图 11-68~84
取自波斯手工艺者的
装饰图案手册，马尔
伯勒宫

彩图 11-72　　彩图 11-73

彩图 11-76　　彩图 11-77

彩图 11-78

彩图 11-74　　彩图 11-75

彩图 11-79　　彩图 11-80

彩图 11-81

彩图 11-82

彩图 11-83

彩图 11-84

彩图 11-85~94
取自波斯手工艺者的
装饰图案手册，马尔
伯勒宫

彩图 11-85

彩图 11-86

彩图 11-87

彩图 11-88

彩图 11-89

彩图 11-90

彩图 11-91

彩图 11-92

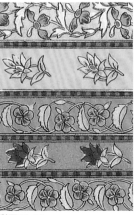

彩图 11-93

彩图 11-94

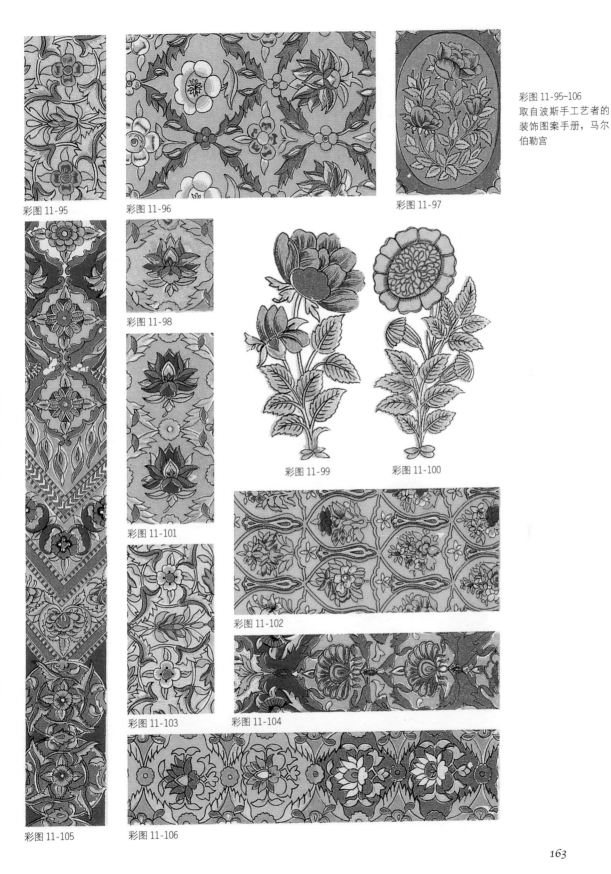

彩图 11-95

彩图 11-96

彩图 11-97

彩图 11-95~106
取自波斯手工艺者的
装饰图案手册，马尔
伯勒宫

彩图 11-98

彩图 11-99

彩图 11-100

彩图 11-101

彩图 11-102

彩图 11-103

彩图 11-104

彩图 11-105

彩图 11-106

163

彩图 11-107~128
取自波斯手工艺者的
装饰图案手册，马尔
伯勒宫

彩图 11-107

彩图 11-108　　彩图 11-109　　彩图 11-110　　彩图 11-111

彩图 11-116

彩图 11-112　　彩图 11-113　　彩图 11-114　　彩图 11-115

彩图 11-117　　彩图 11-118　　彩图 11-119　　彩图 11-120　　彩图 11-121

彩图 11-123

彩图 11-122　　彩图 11-124　　彩图 11-125　　彩图 11-126　　彩图 11-127

彩图 11-128

彩图 11-129

彩图 11-131

彩图 11-132

彩图 11-130

彩图 11-129~133
取自波斯手抄本，马
尔伯勒宫

彩图 11-133

彩图 11-134~138
取自波斯手抄本，马
尔伯勒宫

彩图 11-134

彩图 11-135

彩图 11-136

彩图 11-137

彩图 11-138

第十二章　印度装饰艺术　来自 1851 年和 1855 年的万国工业博览会

1851 年举办的万国工业博览会让世人有机会目睹了印度装饰作品绚丽的风采。

虽然当时展出的艺术品水平良莠不齐，但是所有伊斯兰国家的作品都展现了和谐统一的设计风格，精湛的技艺与审美，以及优雅精良的手法，这些国家不仅包括印度，还有突尼斯、埃及和土耳其，这让一直苦无灵感的艺术家、手工艺者和大众不禁欣喜若狂。

尽管欧洲诸国作品纷呈，但是这些艺术品大而无物，背后缺乏普遍的艺术原则，它们毫无新意，拿捏不当，只知道模仿拼凑旧时的艺术风格，而没有根据当下的需求与工艺手段来进行艺术创作——无论是雕刻家、铜匠、纺织工人还是画家，都彼此乱借乱用，忽略了每种工艺各自有别的道理——只有在十字形教堂的袖廊里我们才看到了苦寻无觅处的遗珠罕作，它们规范工整，自如合度，这些艺术品之所以水平高超，是因为伊斯兰艺术是随着伊斯兰文明的发展而逐渐根深叶茂的。他们的艺术在共同信仰的指导下表达了一致的情感，同时又表现出地方影响下的民族特色。突尼斯人依旧保留了阿尔罕布拉宫式的摩尔艺术风格；土耳其人的艺术也一脉相承，但杂糅了他们治下的民族特色；而印度人则兼有阿拉伯艺术的严谨形制与波斯艺术的优雅别致。

阿拉伯装饰与摩尔装饰中运用的所有形制布局的准则也见之于印度装饰中。无论是最考究的刺绣、最精良的纺织品，还是孩童玩具或瓦器的装饰，都秉承着相同的指导原则——它们都注重整体形制，装饰不盈不缺，每一处都恰到好处，多一分失之冗余，少一分失之遗漏。印度装饰也包含了摩尔装饰中轮廓线条的细分与再细分，充满魅力，二者虽有不同，但表达方式之殊，非基本原理之别。印度风格的装饰作品多少摆脱了传统的规范，更为自由洒脱，毫无疑问是受到波斯风格的影响。

P172~173 中的装饰主要取自 1851 年万国工业博览会上展示的众多水烟袋，它们的轮廓优雅别致，表面装饰为基本轮廓起到了锦上添花的作用，精美非凡。

这里展示了两种类型的装饰——一种是严谨的程式化的构筑式装饰，例如彩图 12-1，12-4，12-5，12-6，12-8 中所示，都是一些几何线条图案；另一种更倾向于模仿自然，如彩图 12-13，12-14 和 12-15 中所示。从后者中我们可以学到一条经验，即花朵的描绘应该点到为止，不应画蛇添足。彩图 12-15 中那绽放的花朵多么精美，彩图 12-14，12-15 中展示了花朵的三种形态，彩图 12-21 中展示了叶片的卷曲，都是含蓄地表达出来的，充满想象空间。艺术家用如此简单又优雅的方式淋漓尽致地表达了创作的初衷。装饰对象表面的和谐并未被打破，反观欧洲艺术家，为了追求花朵的逼真，总是给它们添上光影变化，几乎让人误以为真想去采摘下来。P161~164 中的波斯装饰对花朵的处理与印度装饰相似，相比之下可见波斯风格对印度的花卉图案影响不浅。

印度人非常擅长在物体的不同部分搭配不同的装饰图案。各处装饰总是与其表面比例相称：水烟袋狭长的颈部配以垂吊花饰，隆起膨胀处的花卉图案比例也跟着放大了；底边上的花纹挺拔向上，整体上呈现出流畅的线条感，避免观者的目光分散流离。使用狭长蜿蜒边线的地方，比如彩图 12-58 中所示，也总是伴随着反方向的线条，彼此冲和，无论目光栖息在何处，都总能感受到一种宁静休憩之感。

印度人拥有高超的绘画审美判断力，他们总能将图案恰到好处地分布在装饰背景上。彩图 12-26 取自一块刺绣鞍布，让 1851 年参加万国工业博览会的人啧啧称奇。绿色和红色的背景与上面的金色刺绣匀称和谐，任欧洲人如何模仿也无法达到原作形与色浑然一体的效果。印度人在将色彩融入编织品时，力求让这些彩色图案在远观时给人一派锦绣和谐之感，他们也确实做到了这一点。出于印刷上的考量，我们要限制印刷彩图的数量，色彩上也并非总是能达到最佳平衡。任何想要了解编织品的人都一定要去参访并研究在马尔伯勒宫展示的印度收藏品。那里的作品色彩如此协调一致——几乎找不到任何失谐的情况。展出的装饰图案都空间疏密调和，与背景的色彩相辅相成，从最浅最柔和的到最深最浓的色彩色调，都恰到好处地饰有不多不少的图案。

如下是我们观察得到的一些基本准则，适用于所有的编织品：

1. 当在彩色背景上大面积使用金色装饰图案的时候，背景色都用最深的颜色。当金色装饰图案使用不多的时候，背景色也可以更浅更柔和。

2. 当在彩色背景上仅使用金色装饰图案时，要靠金色图案本身或者金色上的阴影线来达到装饰与背景的协调统一。

3. 当装饰图案的颜色与背景色为对比色时，应该用更浅的轮廓线来勾勒装饰图案，避免色彩对比过于强烈。

4. 当反过来在金色背景上进行装饰的时候，应该用更深的轮廓线来勾勒装饰图案，避免金色的背景色压过了装饰图案——见彩图 12-31。

5. 此外，当在彩色背景上使用多种颜色时，可使用金色、银色、白色或黄色的勾勒线，将装饰图案与背景分隔开来，奠定整体的色彩基调。

在地毯和暗色调的作品中，用黑线勾勒来达到同样的效果。

物品的装饰图案似乎都偏柔和而非锐利，编织作品尤其如此。彩色物品在远观时应该呈现锦绣和谐之感，每靠近一步，都各有美的气象；近睹时，如何达到这样的效果便一目了然了。

印度人也秉承了阿拉伯人和摩尔人的建筑表面装饰的准则。摩尔式拱门的拱肩和印度披肩的制作准则是一致的。

彩图 12-81 取自印度美术馆的一本书的封面，是彩绘装饰的典型代表。无论多么精密复杂，它的轮廓线条都比例匀称，表面的花朵布局巧妙，茎秆线条流畅自如，让同类的欧洲作品黯然失色。彩图 12-97 展示了同本书封皮的内页，装饰的处理没有那么的程式化，上面的花朵处理多么让人赏心悦目，展示了平面花卉图案的最高水平！这本书的封皮正反面展示了两种独特的风格，P182~183 上的封皮外页是阿拉伯风格，内页则是波斯风格。

彩图 12-1~12
金属装饰，1851 年万
国工业博览会印度参
展作品

彩图 12-1

彩图 12-2

彩图 12-3

彩图 12-4

彩图 12-5

彩图 12-6

彩图 12-7

彩图 12-8

彩图 12-9

彩图 12-10

彩图 12-11

彩图 12-12

彩图 12-13

彩图 12-14

彩图 12-13~23
金属装饰，1851 年万
国工业博览会印度参
展作品

彩图 12-15

彩图 12-16

彩图 12-17

彩图 12-18

彩图 12-19

彩图 12-20

彩图 12-21

彩图 12-22

彩图 12-23

彩图 12-24~29
刺绣、编织品以及花瓶上的彩绘，1851 年万国工业博览会印度参展作品，现陈列于马尔伯勒宫

彩图 12-26

彩图 12-24

彩图 12-25

彩图 12-27

彩图 12-28

彩图 12-29

彩图 12-30

彩图 12-31

彩图 12-30~34
刺绣、编织品以及花
瓶上的彩绘，1851 年
万国工业博览会印度
参展作品，现陈列于
马尔伯勒宫

彩图 12-33

彩图 12-32

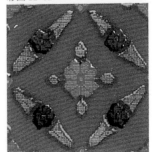

彩图 12-34

彩图 12-35~46
刺绣、编织品以及花
瓶上的彩绘，1851 年
万国工业博览会印度
参展作品，现陈列于
马尔伯勒宫

彩图 12-35

彩图 12-36

彩图 12-37

彩图 12-38

彩图 12-39

彩图 12-40

彩图 12-41

彩图 12-42

彩图 12-43

彩图 12-44

彩图 12-45

彩图 12-46

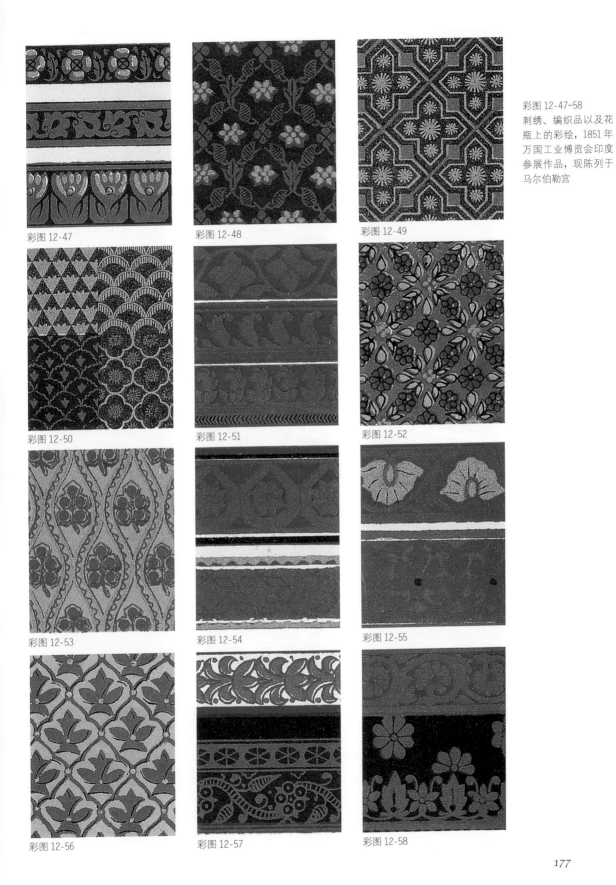

彩图 12-47

彩图 12-48

彩图 12-49

彩图 12-47~58
刺绣、编织品以及花
瓶上的彩绘，1851 年
万国工业博览会印度
参展作品，现陈列于
马尔伯勒宫

彩图 12-50

彩图 12-51

彩图 12-52

彩图 12-53

彩图 12-54

彩图 12-55

彩图 12-56

彩图 12-57

彩图 12-58

彩图 12-59~72
刺绣、编织品以及花瓶上的彩绘，1851 年万国工业博览会印度参展作品，现陈列于马尔伯勒宫

彩图 12-59

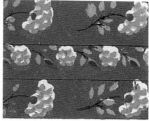

彩图 12-60

彩图 12-62

彩图 12-64

彩图 12-61

彩图 12-63

彩图 12-66

彩图 12-67

彩图 12-65

彩图 12-68

彩图 12-70

彩图 12-71

彩图 12-69

彩图 12-72

178

彩图 12-73

彩图 12-74

彩图 12-73~80
刺绣、编织品以及花
瓶上的彩绘，1851 年
万国工业博览会印度
参展作品，现陈列于
马尔伯勒宫

彩图 12-75

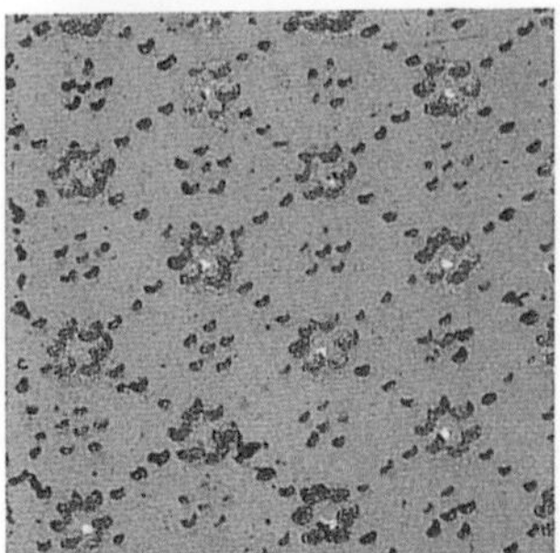

彩图 12-76

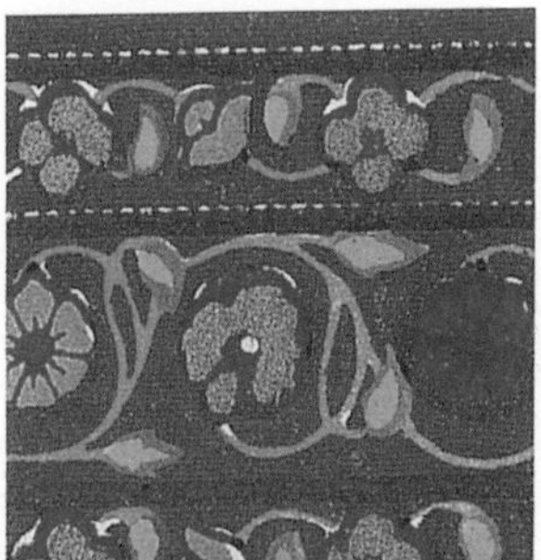

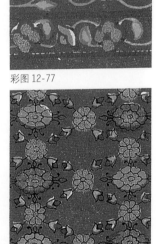

彩图 12-77

彩图 12-78

彩图 12-79

彩图 12-80

彩图 12-81
彩色漆器装饰作品范
例，印度美术馆收藏

彩图 12-81

彩图 12-82

彩图 12-83

彩图 12-84

彩图 12-82~88
彩色漆器装饰作品范
例，印度美术馆收藏

彩图 12-85

彩图 12-86

彩图 12-87

彩图 12-88

彩图 12-89
彩色漆器装饰作品范
例，印度美术馆收藏

彩图 12-89

彩图 12-90

彩图 12-91

彩图 12-92

彩图 12-94

彩图 12-90~95
彩色漆器装饰作品范
例，印度美术馆收藏

彩图 12-93

彩图 12-95

彩图 12-96~107
编织品、刺绣及彩盒
装饰图案，1855 年巴
黎世界博览会的印度
参展作品

彩图 12-96

彩图 12-97

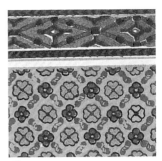
彩图 12-98

彩图 12-99

彩图 12-100

彩图 12-101

彩图 12-102

彩图 12-103

彩图 12-104

彩图 12-105

彩图 12-106

彩图 12-107

彩图 12-108

彩图 12-109

彩图 12-110

彩图 12-108~121
编织品、刺绣及彩盒
装饰图案，1855 年巴
黎世界博览会的印度
参展作品

彩图 12-111

彩图 12-112

彩图 12-113

彩图 12-116

彩图 12-114

彩图 12-115

彩图 12-117

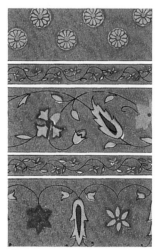

彩图 12-118

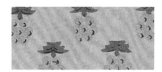

彩图 12-119

彩图 12-120

彩图 12-121

第十三章　印度教装饰艺术

因为本国的资料有限，我们无法充分再现印度教装饰图案丰富的原貌。

关于印度古建筑的出版物并未在建筑装饰方面着重笔墨，因而我们还不能了解印度教装饰的特色。

在关于埃及艺术的早期书籍中，很多关于埃及雕塑与装饰的描述是偏差谬误的，欧洲大众也是花了很长的时间才真正体会到埃及作品的优雅别致。

埃及留存的一些古物被搬到了英国，还有一些埃及铸件留在了埃及，后期出版了一些关于埃及艺术的书籍更为准确可靠，人们这才有机会对埃及艺术有了公允的评价，埃及艺术方在大众心目中树立起了崇高的地位。

印度教艺术应当也像埃及艺术一样，以准确公允的方式示人，只有这样我们才能更好地评断，印度教艺术到底应该享有高雅艺术的尊名，还是说它只是石头的堆砌，用恐怖野蛮的雕塑来装饰？

倘若我们对帕台农神殿、巴勒贝克神庙（Balbeck）和帕尔米拉神庙（Palmyra）只是匆匆一览的话，我们会认定罗马建筑家要比希腊建筑家伟大。然而单看帕台农神庙一条简单的线脚轮廓便足以颠覆我们的判断，让我们毫不犹豫地声称，希腊文明最为优雅精良，代表了人类文明的巅峰。

尽管装饰只是建筑的附属品，不可喧宾夺主地霸占了建筑本身的位置，也不可过于堆砌或遮盖了建筑原貌，但装饰确实是建筑丰碑的灵魂；仅仅审视装饰本身，我们便可知道建筑师在上面花了多少的心血。建筑的其他部分或许可以遵照规则和圆规来完成，但是一幢建筑的装饰可以反映出打造它的建筑家是否本身也是一位艺术家。

凡是读过拉姆拉兹（Ram Raz）[10]的《印度教建筑史》的人都会发出这样的喟叹，当今出版的书籍并没有充分展现出印度教建筑真正高超精湛的水平。这本书不仅详细

---

〔10〕　拉姆·拉兹著，《印度教建筑史》，1834。

列出了整体布局的细则，同时也提供了每个装饰的细分与再细分的详细步骤。

拉姆·拉兹引用的一条戒律值得在此一提，它反映了印度教建筑是如何精益求精的："那些住在比例不对称的房屋里的人有祸了。建造房屋时，从地窖到天花板的所有部分都要经过深思熟虑。"

在关于柱子、柱基和柱头的比例方面的诸多准则当中，有一条表明，柱头的直径要相对于柱子的下半部分按比例缩小。

拉姆·拉兹表示，印度教建筑师遵循的一条普遍准则是将柱基的直径按照柱子的不同直径数细分成很多份，取其中的一份作为柱头的直径。显而易见，柱子越高，它的直径缩小的便越缓；因为柱子的高度不同，柱子的直径变换也不同。

彩图 13-1~7 中展示了我们所掌握的印度教装饰的最佳范例，它们取自皇家亚洲学会，是太阳神的玄武岩雕像上的图案，源自 5 世纪到 9 世纪之间。这些装饰图案手法精美，明显受到希腊风格的影响。彩图 13-8 中的装饰图案是神明手中的莲花，正面是花朵，侧立面是花苞。

拉姆·拉兹所引用的圣书中阐述了莲花与珠宝的装饰构成；这两种装饰是印度教建筑线脚上最常用的两种装饰。

印度教建筑的最主要特色是其层层叠加的线脚。拉姆·拉兹对于各部分的比例都给出了详细的指导，不难看出，这种风格最珍贵之处便在于不同部分比例过渡引发的效果，但是正如我们之前提到的，对于这一点我们并没有多大的发言权。

彩图 13-12~28 上的图案是我们从阿旃陀石窟壁画副本上所能找到的所有的装饰图案的示例，这些壁画副本是东印度公司在水晶宫展出的。这些副本虽说忠实于原作，但它们毕竟出自欧洲人之手，难以断定到底有多可靠。这些壁画的辅助部分，比如说装饰，并无太大特点，风格的痕迹并不明显。这些壁画全都缺少装饰，我们从皇家亚洲学会收藏的几幅古代绘画作品中也发现了这一点，甚至人物服装上也鲜有装饰图案。

彩图 13-1

彩图 13-4

彩图 13-6

彩图 13-1~7
取自皇家亚洲学会的
玄武岩装饰图案

彩图 13-2

彩图 13-3

彩图 13-5

彩图 13-7

彩图 13-8~11
取自皇家亚洲学会的
玄武岩装饰图案

彩图 13-8

彩图 13-9

彩图 13-10

彩图 13-11

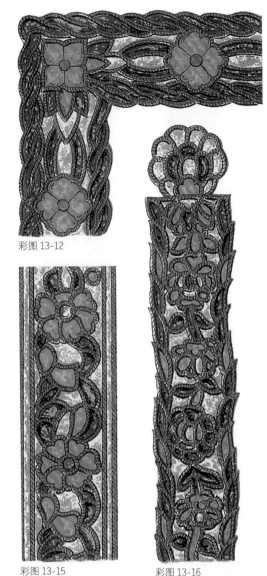

彩图 13-13

彩图 13-14

彩图 13-12
缅甸玻璃——水晶宫

彩图 13-13~14
阿旃陀（Ajunta）石窟壁画副本上的装饰图案——水晶宫

彩图 13-15
缅甸神龛——水晶宫

彩图 13-16
缅甸旗——水晶宫

彩图 13-17~20
阿旃陀石窟壁画副本上的装饰图案——水晶宫

彩图 13-12

彩图 13-15   彩图 13-16

彩图 13-17

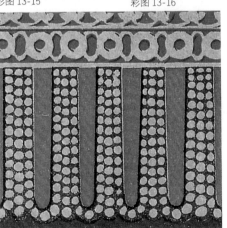

彩图 13-19

彩图 13-18

彩图 13-20

彩图 13-21

彩图 13-21~22
阿旃陀石窟壁画副本
上的装饰图案——水
晶宫

彩图 13-23
取自缅甸神龛——水
晶宫

彩图 13-24~25
阿旃陀石窟壁画副本
上的装饰图案——水
晶宫

彩图 13-26~27
取自缅甸神龛——水
晶宫

彩图 13-28
缅甸纹，取自卑谬
王国附近的一个佛
院——水晶宫

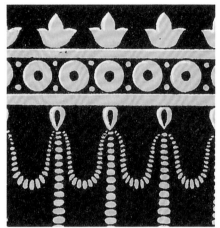

彩图 13-22

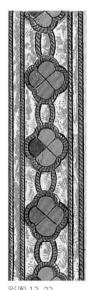

彩图 13-23

彩图 13-24

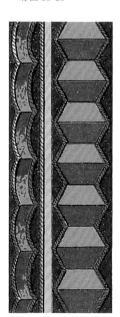

彩图 13-26 彩图 13-27

彩图 13-25

彩图 13-28

彩图 13-29
缅甸纹——水晶宫

彩图 13-30
缅甸镀金柜——水晶宫

彩图 13-31
缅甸纹——皇家亚洲
学会东印度分支

彩图 13-32
缅甸纹——水晶宫

彩图 13-29

彩图 13-30

彩图 13-31

彩图 13-32

彩图 13-33

彩图 13-33
缅甸纹——水晶宫

彩图 13-34
缅甸纹——联合服务
博物馆

彩图 13-35，13-36
印度教装饰——皇家
亚洲学会东印度分支

彩图 13-37
缅甸纹——大英博物馆

彩图 13-38
印度教图案——联合服
务美术馆

彩图 13-39
印度教图案——联合服
务博物馆

彩图 13-40~42
印度教装饰——皇家
亚洲学会东印度分支

彩图 13-43~44
缅甸纹——水晶宫

彩图 13-45~47
缅甸纹——联合服务博
物馆

彩图 13-48
缅甸纹——水晶宫

彩图 13-49
缅甸纹——联合服务
博物馆

彩图 13-50
印度教图案——皇家
亚洲学会东印度分支

彩图 13-51
缅甸纹——水晶宫

彩图 13-52
印度教图案——联合服
务博物馆

彩图 13-53~54
缅甸神龛——水晶宫

彩图 13-34

彩图 13-35，36，37，38

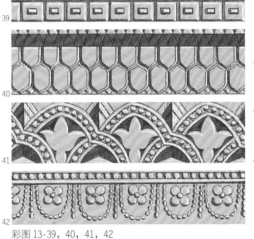

彩图 13-39，40，41，42

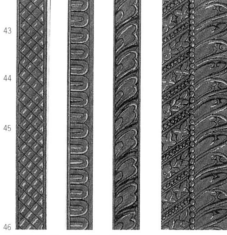

彩图 13-43，44，45，46

彩图 13-47

彩图 13-48

彩图 13-50，51，52，53，54

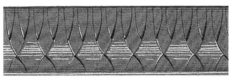

彩图 13-49

194

第十四章　中国装饰艺术

尽管中华文明源远流长，早在很久前便达到成熟的工艺水平，但是中国人在美术方面并没有太大的发展。弗格森（Ferguson）先生在其《建筑手册》一书中称"中国人在建筑方面乏善可陈，'那些横亘中国大地的伟大建筑'毫无设计感和装饰"。

琳琅满目的中国制品进口到英国，世人才得以了解中国的饰物，它们似乎并不能超越人类文明早期普遍达到的艺术水平；中国艺术是停滞不前的，既无前进也无倒退。在形制方面，中国人甚至落后于新西兰人；但是中国人同其他东方国家一样，擅长色彩之间的和谐搭配。这只能称为天赋而非后天取得的成就，不足为奇。纯粹形制的审美判断是一个更潜移默化的过程，要么需要更高的天赋，要么需要一代代人在艺术雏形的基础上逐渐改善提炼。

很多中国陶瓷花瓶上的图案轮廓较为优美，但水平也不过和尼罗河岸边那些非科班出身的阿拉伯陶匠每日粗制的孔质黏土水瓶旗鼓相当，更何况后者是仅凭阿拉伯民族的直觉打造出手中的水瓶的；中国花瓶上严谨的布局被那些狞厉可怖或毫无意义的装饰图案破坏了，这些图案是牵强附着在花瓶表面的，而不是与花瓶浑然一体；因此我们可以看出，中国人摸到了一些关于形制的门路，但是登不了大雅之堂。

中国的彩绘和编织图案都只还停留在原始民族的水平。他们的最成功之作莫过于综合运用基本的几何元素，尽管如此，一旦少了等同线条构成的交叉图样，他们便似乎把握不好空间的疏密调和。中国人对色彩的天赋弥补了形制方面的一些缺陷，但是当没有色彩的辅助时，形制的缺陷便暴露无遗了。彩图 12-1~12 中的菱形纹饰便提供了一些示例。彩图 14-1，14-8，14-13，14-18 和 14-19 是通过基本元素的重复构成的造型，而彩图 14-2，14-4~7 和 14-41 更多变化，却没有前者精美；另一方面，图案 28，33，35 和 49 以及其他样式展示了色彩平衡的取量对整体布局的决定性作用。中国人和印度人都颇有编织品方面的天赋，无论何种质地的背景色调都配上数量刚刚好的装饰，相得益彰。中国人是色彩方面的专家，无论浓墨重彩还是轻描淡写都运用自如。

中国人不仅擅长使用原色，也擅长使用间色和复色，对于普遍的浅色调的运用更是游刃有余——淡蓝色、淡粉色和淡绿色。

除了几何样式以外，中国人似乎并没有发展出多少纯粹装饰性或程式化的图样。彩图 14-43~45，14-47，14-49 和 14-50 便是一些示例。他们并没有其他民族中那种流畅自如的程式化装饰，取而代之的是花朵与线条交织构成的图案。例如彩图 14-83 和 14-84；或者如彩图 14-76~93 中的水果图案。但无论如何，中国人的天赋还是有局限性的；尽管这些图案的布局造作且缺少美感，但其中的色彩运用十分规范，从不逾矩，这一点是我们所缺失的。中国的水墨画，无论是人物画、风景画还是装饰画都是程式化的，哪怕在我们看来缺乏艺术感，超越了装饰应有的界限，但这也不足为奇。中国人的花卉图案也总是遵守母干放射和曲线相切的准则；中国人特别追求写实的逼真程度。不难看出他们细心观察大自然，然而他们缺少将细心观察的事物进行再升华的过程。

我们在希腊装饰艺术一章中提到了中国的回纹饰。彩图 14-67 是连续回纹饰，与希腊回纹饰相似；彩图 14-70，14-71，14-72，14-73，14-74，14-75，14-76，14-79，14-83 和 14-84 是不规则的回纹饰样本；彩图 14-46 是以卷曲末端收尾的特殊回纹饰。

总体而言，中国的装饰艺术忠实地反映了这个民族的特性，它有一种奇异之处，不可称之为随性多变，因为随性多变代表了天马行空地驰骋发挥；但中国人完全缺乏想象力，并且他们的作品缺少高雅艺术最重要的特质，即理想化的升华。

彩图 14-1

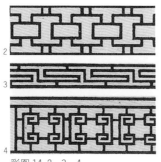

2
3
4

彩图 14-2，3，4

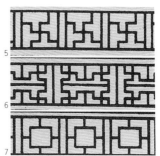
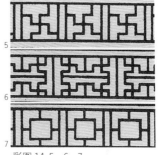

5

6
7

彩图 14-5，6，7

彩图 14-1~20
瓷器上的绘画

彩图 14-8

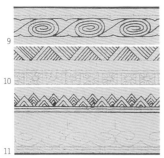

9
10
11

彩图 14-9，10，11

彩图 14-12

彩图 14-13

14
15
16

彩图 14-14，15，16

彩图 14-17

彩图 14-18

彩图 14-19

彩图 14-20

199

彩图 14-21~42
瓷器上的绘画

彩图 14-21~23

彩图 14-24, 25, 26, 27

彩图 14-28

彩图 14-29~32

彩图 14-33

彩图 14-34

彩图 14-35

彩图 14-36

彩图 14-37, 38

彩图 14-39

彩图 14-40

彩图 14-41, 42

彩图 14-43

彩图 14-44

彩图 14-45

彩图 14-43~54
瓷器上的彩绘

彩图 14-46

彩图 14-47

彩图 14-48

彩图 14-49

彩图 14-50

彩图 14-51

彩图 14-52

彩图 14-53

彩图 14-54

彩图 14-55
取自编织品

彩图 14-56
是木盒上的绘画

彩图 14-57
是木盒上的绘画

彩图 14-58
装饰是瓷器上的彩绘

彩图 14-59~60
取自绘画

彩图 14-61~63
装饰是瓷器上的彩绘

彩图 14-64~65
取自编织品

彩图 14-66
装饰是瓷器上的彩绘

彩图 14-55

彩图 14-56

彩图 14-57

彩图 14-58

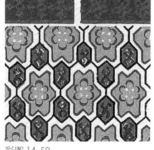

彩图 14-59

彩图 14-60

彩图 14-61

彩图 14-62

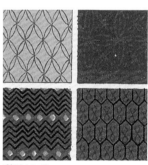

彩图 14-63

彩图 14-64

彩图 14-65

彩图 14-66

彩图 14-67 　　　　　　彩图 14-68 　　　　　　彩图 14-69 　　　　　　彩图 14-70

彩图 14-67
图案是木头表面的绘画

彩图 14-68，69
瓷器上的彩绘

彩图 14-70，71
图案是木头表面的绘画

彩图 14-72，73，75
瓷器上的彩绘

彩图 14-74
取自编织品

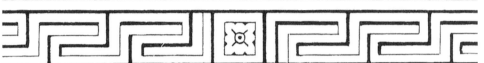

彩图 14-71

彩图 14-72

彩图 14-73

彩图 14-74

彩图 14-75

203

彩图 14-76~77
取自编织品

彩图 14-78~81
瓷器上的彩绘

彩图 14-82
取自绘画

彩图 14-83~84
瓷器上的彩绘

彩图 14-76

彩图 14-77

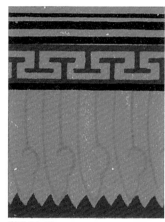

彩图 14-78

彩图 14-79

彩图 14-80

彩图 14-82

彩图 14-81

彩图 14-83

彩图 14-84

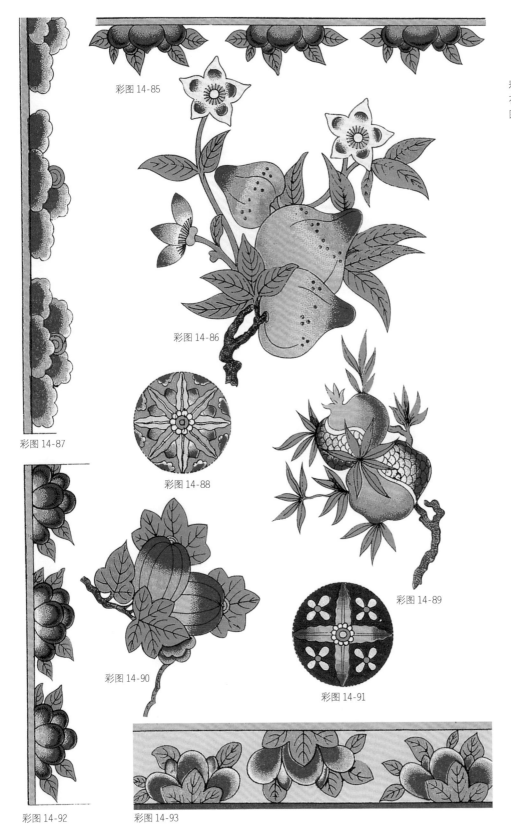

彩图 14-85

彩图 14-86

彩图 14-87

彩图 14-88

彩图 14-89

彩图 14-90

彩图 14-91

彩图 14-92

彩图 14-93

彩图 14-85~93
花朵与水果的程式化
图案，瓷器上的彩绘

205

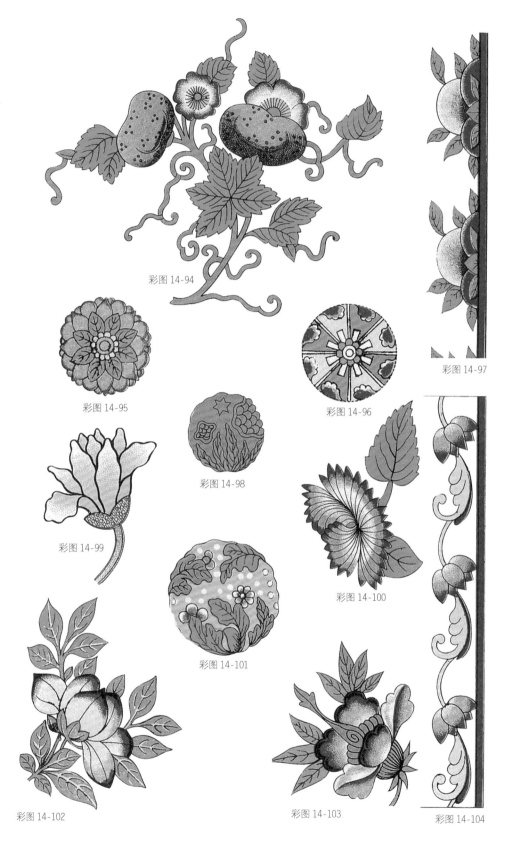

彩图 14-94~104
花朵与水果的程式化
图案，瓷器上的彩绘

彩图 14-94

彩图 14-95

彩图 14-96

彩图 14-97

彩图 14-98

彩图 14-99

彩图 14-100

彩图 14-101

彩图 14-102

彩图 14-103

彩图 14-104

第十五章 凯尔特装饰艺术

英国大不列颠群岛上的居民颇有艺术才华，每个世代的作品都自成一派，具有独特的风采。这种独特性不仅体现在现代艺术中，也同样体现在我们遥远祖先的作品中。在建筑艺术方面，德鲁伊教神庙依旧让世人惊叹；稍后一些年代里那庞然屹立的十字架石碑，有的足有 30 英尺高，它们精雕细琢，装饰风格与其他民族截然不同，展现了古老石雕的巧思与新宗教气息美妙的融合。

我们留存下来的凯尔特装饰艺术的早期丰碑和遗迹（数量超出我们的想象）与早期蔓延到这些岛屿的基督教影响密切相关[11]，因而当我们试图探索凯尔特艺术的历史与特色时，有必要考虑到这些宗教的影响。凯尔特装饰艺术具有浓郁的民族特色，然而在装饰艺术历史中，它的地位与其他民族同样重要，但迄今很少有人对它进行全面的介绍。

1. 历史求证——关于基督教如何传播到大不列颠群岛的问题，历史学家们众说纷纭，我们尚不加以论断，但有一点我们是有充分的证据来证明的：早在坎特伯雷的奥古斯丁于公元 596 年来到大不列颠群岛传教之前，岛上便已经有了基督教的传统，但在一些教义的重大观点上，古老的大不列颠的宗教家与格里高利一世（St.Gregory I）派遣的传教士观点相左。这一结论是根据现存的一些艺术文献史实得出的。圣格里高利一世曾将多份《圣经》传入大不列颠，其中的两份保存至今：一份藏于牛津大学博德利图书馆，另一份藏于剑桥大学基督圣体学院图书馆。这些《福音书》由意大利语写成，采用当时意大利流行的安色尔大圆字体（uncial），不带装饰；每篇福音的首字母与正文几乎一致，只有前一两行是用红色墨水书写的，同时每部《福音书》篇头是作者的肖像（而今只有路加的肖像留存下来），四福音书的作者端坐在浑圆的拱门下，拱门由带有古典叶饰的大理石柱撑起。所有最古老的意大利手稿都完全没有装饰。

---

〔11〕 位于法国布列塔尼的加伏里尼斯岛（Gavr' Innis）和爱尔兰的纽格莱奇墓（New Grange）都存有凯尔特古宗教的遗迹，我认为威尔士的哈利（Harlech）附近的德鲁伊教纪念碑展示了装饰艺术的雏形，主要包括螺旋线、圆圈和折线。

我们所知的大不列颠群岛上居民的古老手稿则与上述的《圣经》手稿截然不同，它们是支持我们关于凯尔特装饰艺术独立性观点的主要证据，此外，关于这些珍贵文献的产生日期也是充满异议，因而我们不得不展开一点古文字学的研究来证明这些古老文物的源头。诚然，这些文献都年代不详，但一些文字中加入了手抄者的名字，可以帮助我们追本溯源，根据姓名来推断这些手稿产生的年代。用这种方法我们可以得出，圣科伦巴（St.Columba）亲自抄写的《福音书》手稿、底玛《福音书》（*Leabhar Dhimma*）、Mac Regol 抄写的博德利版《福音书》，以及阿马版《福音书》，都是在 9 世纪或之前写成的。同时我们还可以从大英博物馆和其他图书馆中收藏的当代《盎格鲁 - 撒克逊宪章》中推断这些文书的早期日期，属于 7 世纪下半叶到诺曼人征服英格兰时期。尽管如阿瑟尔（Astle）所述：“该宪章与同时期的其他书籍相比，书写速度更快，写法更加自由，但它们之间存在相似之处，可用来互辨真伪。”因为无法确认这些手稿是否与宪章出自同一时代，所以如今做这种比较也不太可能了。例如，我们无法比较科顿（Cotton）手稿的维斯帕西安（Vespasian）的 A1 部分和东撒克逊国国王塞比（Sebbi）宪章（凯斯利［Casley］手稿，24 页），前者也常被称为圣奥古斯丁的《圣咏经》的一部分，后者产生于公元 670 年；同样也无法比较公元 679 年肯特国王 Lotharius 在 Reculver 写就的宪章、公元 769 年的埃塞尔巴德（Ethelbald）宪章，以及 Mac Regol 或圣查德（St.Chad）抄写的《福音书》。

证明这些手稿古老渊源的第三处证据在于，它们如今留存于世界各地，是爱尔兰和盎格鲁 - 撒克逊的传教士带去各地的。英国人在欧洲各地创建了许多修道院，它们也是历史的见证。我们试举一例，爱尔兰人圣加仑（St.Gall），他亲手创立的修道院以他的名字命名，甚至修道院所在的瑞士的州也以他的名字命名。这座修道院收藏的宗教书籍被转移到了公立图书馆中，其中不乏欧洲最古老的手稿，还包括了一些在大不列颠岛屿上创造的装饰精美的手稿片段，它们被当作创始人圣加仑的遗物而被恭敬地珍藏。同样，圣博尼法斯（St.Boniface）的福音书仍旧留存在富尔达（Fulda），被顶礼膜拜。还有从（爱尔兰人）圣基利安（St.Kilian）的墓中发掘出的弗兰克尼亚（Franconia）的使徒书，上面还沾染着他的血迹，依旧保存在伍兹堡，每年在圣基利安殉道的纪念日时都要把它放在大教堂的祭坛上。

　　所有已证明是在 9 世纪末期之前产生在这些岛屿上的手稿，展现了异于其他民族的装饰特色，它们散见于爱尔兰或盎格鲁 – 撒克逊的传教士所经之地，也可能是在传统风格基础上进行了改良。我们可能注意到，尽管我们的结论是根据早期手稿得出的，这样的结论也同样适用于当代的装饰金属或石雕工艺；它们的设计往往与这些手稿有异曲同工之妙，我们不由断言，两种形式的装饰可能出自同一批设计师之手。我们在欣赏那些伟大的十字架石碑的时候，几乎会以为是在拿着放大镜审视彩绘手抄本。

　　2. 凯尔特装饰艺术的特殊性——凯尔特装饰艺术有几大特点：第一，它们完全没有叶饰及其变体，或任何植物的图案，也毫无古典的莨苕叶饰；第二，它们繁琐考究，于细微处见精深，样式丰富，多为几何形状，包括了交织饰带图样、对角线和螺旋线，还有珍禽异鸟，这些鸟兽带有长长的头结和尾巴，伸出舌头，相互交织反复无穷。

　　这些手稿中有一些非常华丽，例如凯尔斯（Kells）书、林迪斯法恩（Lindisfarne）福音书、圣查德福音书，还有圣加仑手稿中的一部分，它们有的整页都一块块布满精美的图案，整体形成了美丽的十字架图样，其中的一个十字指向四福音书的开篇处。这样精美的图案一定花费了很大的功夫[12]，投入了无数的心血，因为哪怕拿着放大镜细细审视，也找不到任何线条或交织图案上的瑕疵；不仅精工细作，同时也营造了和谐完满的色彩效果。

　　在此之前的手稿中，开篇首字母与正文并无二致，但凯尔特手稿与此相反，这些福音书的开篇页正对着有马赛克镶嵌图案的页面，同样精美别致。首字母一般都是放大的，占据了页面很大的空间，剩下的空间由接下来的几个字母或单词填满，这些字母平均高度是 1 英寸。这些开头字母放大的页面和有十字架图样的页面一样，运用了细节程度不一的丰富的装饰图案。

　　在金属、石雕或手稿中运用最普遍的富于变化的图案是交织在一起或打成结的一个或多条狭窄饰带，错综蜿蜒，往往是对称或几何形状。彩图 15-1~50 中展示了这种样式的多种变化。在彩色或黑色的背景上为饰带涂上不同的颜色，便能营造出许多迷人的视觉效果。在这些有趣的交错图案中，如果我们沿着饰带的走向观察，或许便能了解它

---

〔12〕　我们花费一定精力从圣查德福音书上复制下来的，包括至少 120 个奇禽异鸟。

的设计；例如，彩图 15-56 的上半部分。有时两条饰带彼此平行，但又紧接着交错开来，比如彩图 15-34。有时饰带会延展并形成一定的角度来填满某些装饰空间，比如彩图 15-11。这种样式最简单的变换就是双椭圆图案了，比如彩图 15-13 的四角。希腊和叙利亚的彩绘手稿以及罗马的马赛克镶嵌路面上出现过这种双椭圆图案，但极少出现在大不列颠的早期彩绘手稿里。另外有一种简单的样式叫三弧饰（triquetra），在彩绘手稿和金属作品中非常普遍；彩图 15-16 就呈现了四个这种三弧饰。彩图 15-15 和 15-37 是这种样式的变体。

珍禽异鸟是充斥在凯尔特早期作品中的另一种独特的装饰图案，包括了各式各样的猛兽、禽鸟、蜥蜴和蛇类，动物的身体夸张地延伸，它们的尾巴、头结和舌头延伸交织，巧妙错综地缠绕在一起。一般是对称的，有时为了填满一定的装饰空间而呈现不规则的形态。偶尔也出现人物造型，水晶宫的莫那斯特博伊斯十字架（Monasterboice Cross）的一块石板上，就出现了四个人物造型交织在一起的图样，还有利斯莫尔（Lismore）的德文郡（Devonshire）公爵的牧杖上也有这样的人物群雕。P218~219 展示了缠绕在一起的动物造型。其中最为精致错综的图案莫过于圣加仑彩绘手稿中的八犬图（彩图 15-52）与八鸟图（彩图 15-58），最优雅的当属收藏于兰贝斯宫中的马克·德南（Mac Durnan）福音书的页边饰（彩图 15-68）。在后期的爱尔兰和威尔士彩绘手稿中，这些交织饰带的边缘交触在一起，几何造型感削弱了，变得复杂混乱了。说到怪异的设计（彩图 15-55），不得不提的便是 1088 年圣戴维斯大教堂的主教 Ricemarchus 版本的《诗篇》，图中便是诗篇开头 "Quid Gloriaris" 中的首字母 Q。可以看出，这只猛兽的头结耷拉到鼻子前方，第二个头结在头顶形成夸张的漩涡，怪兽的脖子上围着一圈珍珠，它的身体被拉长，有棱有角，末端是两条扭曲的腿、狰厉的爪子和打成结的尾巴，似乎怪兽也难以把这个结解开。这些禽鸟的头部往往构成装饰图案的端部，P220~221 中就呈现了多个例子，它们嘴巴大张，吐出长舌，形态尚佳。

最具特色的凯尔特装饰是由两三条螺旋线条构成的图案，线条从一个固定的起点发散出去，最后再回到其他线条构成的漩涡的中心。彩图 15-56，15-63 和 15-67 皆属于这种样式，只是多少有些夸张；彩图 15-60 是比较贴近原型的。对这种图样加以巧妙的变化便形成了彩图 15-2 的斜纹样式。在彩绘手稿中，所有精美古老的金属作品或石刻作品的螺旋线总是呈现为字母 C 形，而非 S 形。而彩图 15-1 的中央装饰呈现为 S 形，且图案设计不规则，可见该图案并非出自擅长凯尔特装饰的高手，要么是潦草而就的，要么是受到了外来的影响。这种样式也被称为小号图案，其中任意两根线条形成了一个纤长弯曲的样式，如同古爱尔兰的小号，突起的小椭圆形横置在宽口处，仿佛是号嘴。用途不详的圆形金属物中也出现过这种样式，大约直径为 1 英尺，偶见于爱尔兰。早期盎格鲁 - 撒克逊作品中的圆形小珐琅盘上也出现过这样的图案，散见于英格兰的一些地区。这种图案极少出现在石刻作品中，我们迄今在英格兰唯一发现的一处，是在迪赫斯特教堂（Deerhurst Church）的洗礼盆上。值得注意的是，这种装饰图案并未出现在英国 9 世纪之后的彩绘手稿中，因此我们有理由认为，这是英格兰最古老的装饰性洗礼盆。

还有一种同样别具特色的凯尔特样式，是由等距而不交叉的斜线构成的，类似于中国的装饰图案[13]，字母 Z 形或反 Z 形是这种图案的主要形式。它有多种变体，例如彩图 15-57，15-61，15-62，15-64，15-69 和 15-70。这种样式在精美的彩绘手稿里仅以规整的几何形状出现，但在较为粗糙的手稿中，它便沦为不规则的形状，例如彩图 15-1 和 15-2。

另一种偶尔出现在彩绘手稿中的简单图案是由一些棱角线等距排列构成的台阶状图案。可见彩图 15-14 和 15-20，以及彩图 15-51。然后这并非是最早期就出现的典型的凯尔特装饰图案。

最后一种值得我们注意的图案，也是凯尔特装饰图案中最为简单的，仅仅由红点组成。它们常被作为首字母的边饰或是精致的装饰细节，其实是区别盎格鲁 - 撒克逊与爱尔兰彩绘手稿的一大特征。有时这些红点可以构成单独的图案，如彩图 15-44 和 15-48 所示。

3. 凯尔特装饰的起源——上面介绍的丰富的装饰风格从 4、5 世纪到 10 世纪和 11 世纪期间在大不列颠与爱尔兰流行；在古老的凯尔特民族繁衍生息最悠久的地区，这些装饰艺术的表现形式也最为纯粹精美，因此我们毫不犹豫地将其冠之为凯尔特风格艺术。

---

〔13〕 P199-200 上部分的一些中国装饰图案，几乎原封不动地出现在凯尔特石刻与金属作品，以及彩绘手稿中。

　　究竟是爱尔兰人从英格兰的基督教文化中汲取的抄写笔体与装饰风格，还是反过来，我们暂且不去回答这个问题。要想帮助解答这个问题，我们不妨认真审视一下英格兰本地早期的盎格鲁 - 撒克逊彩绘手稿、罗马彩绘手稿和罗马 – 英格兰的早期彩绘手稿，还有英格兰和威尔士西部地区的早期基督教碑文与石雕。尊者比德（Venerable Bede）告诉我们，英格兰和爱尔兰的教堂特征如出一辙，纪念碑建筑也是如此。实际上，盎格鲁 - 撒克逊的艺术家和爱尔兰艺术家都采用了同样的装饰风格。收藏于大英博物馆科顿图书馆的著名的林迪斯法恩福音书，或圣卡斯伯特（St.Cuthbert）书，便是绝佳例证；此卷福音书是盎格鲁 - 撒克逊艺术家在 7 世纪末的林迪斯法恩完成的。同样我们知道，林迪斯法恩修道院是由爱奥那岛上的僧侣建造的，他们是爱尔兰人圣科伦巴的使徒，所以说盎格鲁 - 撒克逊的艺术家沿袭了其爱尔兰先辈的装饰风格，也并不奇怪。当时的撒克逊人初达英格兰时为异教，并无自己独立的装饰风格；在德国北部没有发现任何的遗迹能够证明盎格鲁 - 撒克逊的彩绘手稿是源自日耳曼文明的。

　　关于这些岛屿的早期基督徒是从何处发展出这些特别的装饰风格的，人们众说纷纭。有一派学者急切地想要推翻古英格兰和古爱尔兰教堂自成派别的说法，认为他们的艺术源自罗马，他们甚至认为，爱尔兰的一些十字架石像是在意大利建成的。然而，我们没有发现任何 9 世纪以前的意大利手稿，或意大利的石雕是与凯尔特石雕有任何相仿的痕迹的，因而我们对这一观点持否定态度。法国政府近日发布了罗马地下墓穴的宏伟遗迹，淋漓尽致地展现了早期基督徒的碑文壁画，倘若仔细观察便可发现，早期罗马的基督教装饰艺术与大不列颠群岛的装饰艺术并无相似的痕迹。上面提到的凯尔特彩绘手稿里的马赛克镶嵌图案与罗马的马赛克镶嵌图案有一定相似之处，倘若这种图案仅出现在盎格鲁 - 撒克逊的彩绘手稿中，我们便可以推测，这种散见于英格兰各处的马赛克图案在 7、8 世纪时未被发掘，它是盎格鲁 - 撒克逊彩绘手稿艺术家最早的灵感源泉；然而装饰最为精美的部分出现在爱尔兰彩绘手稿或明显受爱尔兰风格影响的彩绘手稿中，不言自明，在爱尔兰并没有发现罗马式的镶嵌路面，而罗马人也从未踏上过这片土地。

　　或许又会有人说，彩绘手稿中常见的交织饰带样式或是出自罗马的镶嵌马赛克图案，然而后者的交织饰带是极为简单，不加修饰的，与 P218-219 中那纤巧精美的交织绳结图案相去甚远。实际上，罗马饰带图案是简单叠加形成的，而凯尔特饰带是以打结的形式构成的。

另一派学者认为这些装饰源自斯堪的纳维亚文化，习惯性地称之为北欧绳结（Runic knots），与斯堪的纳维亚的迷信礼仪有关。当然在马恩岛、兰开斯特和比尤开斯特这些地方的十字架上可以看到古老的北欧碑文，饰有前面提到的各种凯尔特图样。但是，英国的传教士将基督教散播到斯堪的纳维亚国家，而英国的十字架与丹麦、挪威的十字架区别很大；同时，它们比我们最精美古老的彩绘手稿晚了很多个世纪，所以说这些装饰源自斯堪的纳维亚国家的看法是站不住脚的。如果将我们的手稿与近期哥本哈根博物馆展出[14]的斯堪的纳维亚一系列彩图中最上乘的作品比对一下，便否定了这一说法。在展出的 460 件作品中，仅有一例（No.398）与我们的彩绘手稿有相似之处，我们可以毫不犹豫地断定它是古爱尔兰作品。斯堪的纳维亚艺术家采用了凯尔特装饰，尤其是10、11 世纪末的作品，斯堪的纳维亚的木雕教堂（达尔先生详细阐述的）和同时期的爱尔兰金属作品之间十分相似，充分证明了斯堪的纳维亚艺术借鉴了凯尔特艺术，例如都柏林的爱尔兰皇家学院博物馆收藏的 Cong 十字架。

不光是斯堪的纳维亚人汲取了凯尔特装饰图案，早期查理曼派精品艺术家及其后人，还有伦巴第的艺术家也都在他们的彩绘手稿中加入凯尔特装饰元素。然而他们将凯尔特图案与经典的莨苕叶饰和其他叶饰杂糅在一起，添了一份别致，这份别致是精美但过于繁杂的凯尔特图案所不具备的。彩图 15-21 是大英博物馆收藏的金版福音书，它是9 世纪法兰克的艺术精品，也展现了这种杂糅风格。一些精美的法兰克彩绘手稿几乎原封不动地运用了盎格鲁 – 撒克逊图案与爱尔兰图案（通常比例被放大），因而有法兰克 –撒克逊手稿之称。巴黎的国家图书馆中收藏的圣丹尼版圣经也是这种风格，其中有 40页收藏在大英博物馆图书馆中。彩图 15-18 就是按照真实比例的彩绘手稿复制的。

我们不禁还会设想，那些隐居修道院的早期凯尔特基督徒艺术家们是否是受到了拜占庭和东方艺术的影响，才发展出这些精美的图案装饰的。实际上，这种装饰风格在 7 世纪末之前便发展成熟了，而拜占庭是从 4 世纪中期开始成为艺术圣殿的，因此

---

〔14〕　在关于青铜时代的丹麦作品中，我们可以在金属作品中发现丰富的螺旋图案，但它们都是 S 形，排列的方式较为简单，缺少变化。在铁器时期的第二部分，我们同样可以在金属作品中发现各种各样交织在一起的珍禽异鸟的图案。然而整部作品中并没有出现任何交织饰带图案、斜纹 Z 字形图案或是喇叭形状的螺旋图案。

可以推测出，英格兰或爱尔兰的传教士（常常走访圣地耶路撒冷和埃及）或许是汲取了拜占庭和东方的一些装饰原理或元素。要想证明这一点并不容易，因为我们对 7 世纪或 8 世纪之前的拜占庭艺术所知甚少。然而可以确认的是，赫尔·萨尔赞伯格先生精心介绍的圣索菲亚大教堂的装饰与凯尔特图案并无可比性；而凯尔特装饰倒是与阿索斯山（Mount Athos）的早期纪念碑有着相仿的痕迹，迪伦（Didron）先生在他的《神的肖像》（*Iconographie de Dieu*）中介绍了阿索斯山的一些具有代表性的纪念碑。在本书埃及一章中，彩图 2-140，2-143~146，2-148~153，以及彩图 2-155，2-158，2-160，2-161，都是螺旋线条或绳子构成的图案，透露出些许凯尔特装饰的痕迹；但大部分的埃及作品中的螺旋线为 S 形。然而彩图 2-141 呈现出 C 形，与我们的凯尔特图案大体上更为相符，尽管细节上差别很大。摩尔装饰中常见的精美的交织图案在一定程度上与斯拉夫、埃塞俄比亚和叙利亚的彩绘手抄本图案较为相似，后三者在西尔维斯特的著作和我们的《圣经手稿彩图》（*Palaographia Sacra Pictoria*）中列举出多例，它们可能都源自拜占庭或阿索斯山文化，我们或可认为，它们最初的思想源头相同，但在艺术表现形式上则与爱尔兰和盎格鲁–撒克逊风格出现了分化。

我们不妨大胆地推断，大不列颠群岛的早期艺术家或许是受了其他文化的影响而创造出凯尔特文化的，在大不列颠群岛引入基督教和 8 世纪伊始之间，凯尔特装饰艺术就已经衍化出了几类较为独特的装饰体系，与其他民族的艺术差异很大。罗马帝国分崩离析，欧洲在这一时期几乎也进入了艺术的黑暗时期。

4. 后期盎格鲁–撒克逊装饰艺术——在 10 世纪中期出现了另一种同样醒目的装饰风格，与其他民族的装饰判然有别，盎格鲁–撒克逊的艺术家用这种样式来装饰最精美的彩绘手稿。它是一种边框式设计，金色的边框围绕整页，画像或标题置于页面中央。这些边框饰以叶子和花苞，采用了传统的交织样式，叶子与茎部和边框缠绕在一起——边框四角增添了更为丰富的花环、方格、菱格或四叶饰。英格兰南部的这种装饰最为精美，最精彩的一例是 10 世纪后半叶在温彻斯特的圣艾斯沃德（St.Ethelwold）修道院中制作完成的。德文郡公爵的祝福集是最为富丽的，在《考古学》一书中有详细介绍；还有另外两个作品现存于鲁昂（Rouen）图书馆中，可与前者相媲美；剑桥大学的圣三一神学院图书馆中收藏的福音书手稿中也有这种装饰图案的代表作。藏于大英博物馆的克努特（Canute）国王版福音书也是一例，如彩图 15-59 所示。

　　毫无疑问，查理曼时期的法兰克流派艺术家在他们宏美的彩绘手抄本中引入了叶饰，后期的盎格鲁－撒克逊艺术家受其影响，也在装饰图案中加入了叶饰。

J.O. 韦斯特伍德（J.O.Westwood）

参考文献

LEDWICK. Antiquities of Ireland. 4to.

O'CONOR Biblioth. Stowensis. 2vols 4to. 1818. Also. Rerum Hibernicarum Scriptores veteres. 4 vols. 4to.

PETRIE. Essay on the Round Towers of Ireland. Large 8vo.

BETHAM. Irish Antiquarian Researches. 2vols. Bvo.

O'NEILL. Illustrations of the Crosses of Ireland. Folio. in Paris.

KELLER, FERDINAND. Dr. Bilder und Schriftzuge in den Irischen Manuscripten; in the Mittheilungen der Antiq. Gesellsch. In Zurich. Bd. 7, 1851.

WESTWOOD. J.O. Palaeographia Sacra Pictoria. 4to. 1843-1845.

In Journal of the Archaeological Institute, vols. vii. and x. Also numerous articles in the Archaeologia Cambrensis.

CUMMING. Illustrations of the Crosses of the Isle of Man. 4to. [in the press.

CHALMERS. Stone Monuments of Angusshire. Imp. fol.

SPALDING CLUB 6. Sculptured Stones of Scotland. Fol. 1856.

GAGE, J. Dissertation on St. Ethelwold's Benedictional. in Archaeologia vol. xxiv.

ELLIS, H. Sir. Account of Caedmon 's Paraphrase of Scripture History. in Archaeologia. vol. xxiv.

GOODWIN. JAMES, B.D. Evangelia Augustini Gregoriana; in Trans. Cambridge Antiq. Soc. No. 13. 4to. 1847. with eleven plates

BASTARD. Le Comte de . Ornaments et Miniatures des Manuscrits Francaises. Imp. fol. Paris.

WORSAAE . J. J. A Afbildninger fra det Kong. Museum I Kjobenhavn. 8vo. 1854.

And the general works of WILLEMIN, STRUTT. DU SOMMERARD. LANGLOIS. SHAW, SILVESTRE and CHAMPOLLION. ASTLE (on Writing) , HUMPHRIES, LA CROIX, and LYSONS (Magna Britannia) .

石雕装饰

彩图 15-1
Aberlemno 十字架，
由单块石板制成，
7英尺高——查默斯
（Chalmers）．《安格
斯的石碑》（*Stone Mon-
uments of Angus*）

彩图 15-1

彩图 15-2
Inchbrayoe 岛屿公墓的石碑中央部分，苏格兰（未出版）

彩图 15-3
Meigle 墓地石碑上的装饰，安哥拉——查默斯

彩图 15-4
Eassie 老教堂附近石碑上的装饰——查默斯

彩图 15-5
圣维吉恩 (St.Vigean) 教堂墓地的石碑底座上的环形装饰。安哥拉——查默斯

备注：除了上述观察到的各种装饰，苏格兰的很多石碑还有一种特殊的装饰，被称作眼镜图案，它由两个圆圈组成，圆圈间由两条曲线连接，曲线上饰有一个斜跨的字母 Z。它的出处与含义让考古学家困惑无解；我们唯一在别处发现这种装饰的是在沃尔什 (Walsh) 的《论基督教硬币》中的一块诺斯替教宝石上。

在马恩岛和坎伯兰 (Cumberland) 的石碑上，还有安格尔西的 Penmon 石碑上，出现了一种与希腊的经典图案相似的装饰。它可能是借鉴了罗马赛克镶嵌图案，在罗马作品中偶尔出现过，它从未出现在彩绘手稿或金属作品中。

彩图 15-3

彩图 15-4

彩图 15-5

交织图案

彩图 15-6-12，15-17，
15-19，15-24~26，15-28，15-31~34，15-38，15-40，15-43，15-46，15-49
是交织饰带图案的边框，取自盎格鲁—撒克逊与爱尔兰的彩绘手稿，大英博物馆，牛津大学博德利图书馆，圣加仑图书馆与都柏林圣三一神学院图书馆

彩图 15-13
折线交织图案，取自圣丹尼教堂《圣经》9世纪

彩图 15-14
折线图案，取自林迪斯法恩版福音书，7世纪末

彩图 15-15
交织的三角形图案，取自盎格鲁—撒克逊国王的加冕用福音书

彩图 15-16
四个相连的三弧饰组成的圆形装饰，取自兰斯的礼书

彩图 15-18
巨大首字母的一部分，取自圣丹尼教堂的法兰克—撒克逊圣经，9世纪——西尔维斯特

彩图 15-21
尾端装饰，包括叶饰和自然描绘的动物，取自金版福音书——汉弗莱斯

彩图 15-22
交错的版面，取自大英博物馆的圣奥古斯丁诗篇，6世纪或7世纪

彩图 15-23
首字母尾端装饰，由交织线条和螺旋线条构成，取自巴黎图书馆的福音书，No.693——西尔维斯特（Silvestre）

彩图 15-27
交织图案，取自圣加仑的爱尔兰彩绘手稿——凯勒（Keller）

220

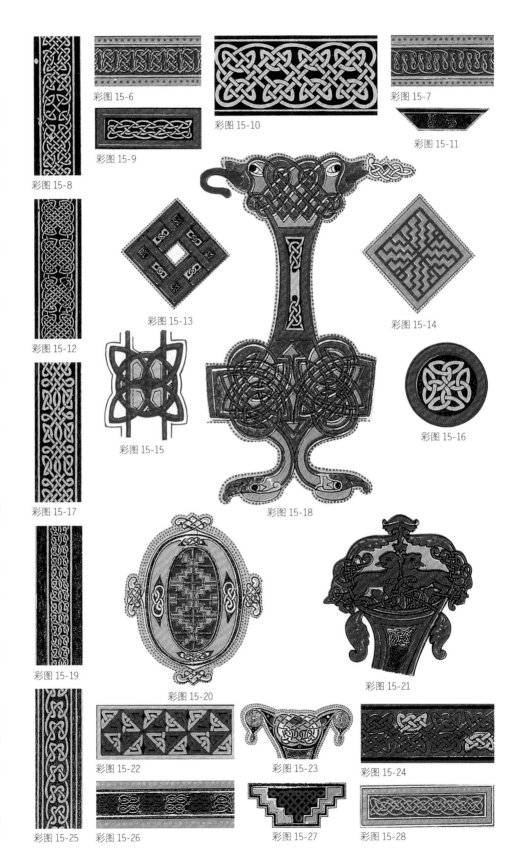

彩图 15-6
彩图 15-7
彩图 15-9
彩图 15-10
彩图 15-11
彩图 15-8
彩图 15-12
彩图 15-13
彩图 15-14
彩图 15-15
彩图 15-16
彩图 15-17
彩图 15-18
彩图 15-19
彩图 15-20
彩图 15-21
彩图 15-22
彩图 15-23
彩图 15-24
彩图 15-25
彩图 15-26
彩图 15-27
彩图 15-28

彩图 15-29

彩图 15-31

彩图 15-32

彩图 15-30

彩图 15-33

彩图 15-34

彩图 15-35

彩图 15-36

彩图 15-37

彩图 15-38

彩图 15-39

彩图 15-41

彩图 15-44

彩图 15-42

彩图 15-43

彩图 15-45

彩图 15-46

彩图 15-47

彩图 15-48

彩图 15-49

彩图 15-50

彩图 15-29，15-30
交织饰带图案，取自大英博物馆哈利安图书馆的金版福音书——汉弗莱斯（Humphries）

彩图 15-35
尾端装饰，犬首，取自兰斯的法兰克—撒克逊礼书——西尔维斯特

彩图 15-36
交织的四叶饰（quatrefoil），取自兰斯礼书——西尔维斯特

彩图 15-37
四个相连的三弧饰（triquetra）构成的图案，取自圣格里高利的法兰克—撒克逊礼书，兰斯（Rheims）图书馆，9 世纪或 10 世纪—— 西尔维斯特

彩图 15-20 和 15-39
林迪斯法恩版福音书的首字母，交织图案，动物与折线。7 世纪末（放大版）

彩图 15-41
尾端交织图案，取自巴黎图书馆的 Tironian 赞美诗——西尔维斯特

彩图 15-42
交织的折线图案，取自金版福音书（放大版）

彩图 15-44 和 15-48
交织图案，红点组成，取自林迪斯法恩版福音书

彩图 15-44
首字母的尾端装饰，取自盎格鲁—撒克逊国王的加冕书，由法兰克—撒克逊艺术家制作——汉弗莱斯

彩图 15-45 和 15-47
四边形交织图案，取自博德利图书馆的利奥弗里克（Leofric）弥撒书

螺旋饰、斜纹饰、兽形饰、与晚期盎格鲁—撒克逊装饰

彩图 15-51
交织兽形饰，取自凯尔斯书，都柏林圣三一神学院图书馆（放大版）

彩图 15-52
斜线装饰，取自格里高利福音书，大英博物馆（放大版）

彩图 15-53 和 15-59
交织的禽鸟面板，取自圣加仑的爱尔兰彩绘手稿，8 世纪或 9 世纪

彩图 15-54
边框一角，鲁昂的德文郡公爵祝福集彩页，10 世纪，西尔维斯特

彩图 15-55
交织图案，出处同上

彩图 15-56
首字母 Q，拉长的有棱角的兽形饰，Ricemarchus 版本的《诗篇》，都柏林圣三一神学院，11 世纪末

彩图 15-57 和 15-64
螺旋饰，取自林迪斯法恩版福音书（放大版）

彩图 15-58
斜纹饰，德南福音书，兰贝斯宫图书馆，9 世纪（放大版）

彩图 15-60
如上，取自克努特国王版福音书，大英博物馆。10 世纪末

彩图 15-61
螺旋图案的尾端装饰，鸟饰。林迪斯法恩版福音书的放大首字母部分。（真实尺寸）——汉弗莱斯

彩图 15-51

彩图 15-52

彩图 15-53

彩图 15-54

彩图 15-55

彩图 15-56

彩图 15-57

彩图 15-58

彩图 15-59

彩图 15-60

彩图 15-61

彩图 15-62

彩图 15-64

彩图 15-68

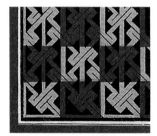

彩图 15-70

彩图 15-71

彩图 15-63

彩图 15-66

彩图 15-65

彩图 15-67

彩图 15-69

彩图 15-72

螺旋饰、斜纹饰、兽形饰、与晚期盎格鲁—撒克逊装饰

彩图 15-62
斜纹饰，取自圣加仑的爱尔兰彩绘手稿，9世纪（放大版）

彩图 15-63，15-65，15-71
斜纹饰，德南福音书（放大版）

彩图 15-66
交织兽形饰，取自林迪斯法恩版福音书（放大版）

彩图 15-67
如上，取自阿伦德尔（Arundel）《诗篇》No.155，大英博物馆——汉弗莱斯

彩图 15-68
首字母，取自林迪斯法恩版福音书，7世纪末。大英博物馆（放大版）

彩图 15-70
斜纹饰，取自林迪斯法恩版福音书（放大版）

彩图 15-69
交织兽形饰，德南福音书（放大版）

彩图 15-72
如上，取自德文郡公爵祝福集

223

第十六章　中世纪装饰艺术

从混合风格的建筑中我们可以看出罗马风格的圆拱是如何逐渐过渡到 13 世纪的尖拱的；但罗马装饰是如何过渡到 13 世纪普遍流行的装饰的，我们就不得而知了。茛苕叶饰在这一时期完全不见了，取而代之的是一种纯粹程式化的装饰风格，普遍出现在所有的建筑上。12 世纪的彩绘手稿中可以发现一些这种装饰的影子，而这些手稿的一些装饰特征又可追溯到希腊的彩绘手稿。这种装饰图案由蜿蜒的茎蔓构成，叶片展落在边缘，尾端呈花朵状。任何一个角落的线条分布都与早期英国的雕刻装饰线条分布如出一辙。

无论是装饰原理还是工艺水平，早期的英国哥特式装饰都是哥特风格时期中最完美的。形制的起伏优雅考究，堪比希腊的装饰艺术。装饰图案总是与建筑结构相得益彰，融为一体。在艺术风格的各个方面它都堪称典范。但只有在进行程式化处理的时候，它才如此完满。当装饰更趋向写实的时候，它那特别的风韵便荡然无存了，与建筑本身也不再契合无间，而更像是刻意添加上去的。

早期英国建筑的柱头上，装饰是直接从柱身延伸出来的，在柱颈处舒展成一系列的茎蔓，每一株都在末端绽放成一朵花。这与埃及柱头上的装饰有异曲同工之妙。纯装饰与之相反，更趋向写实，叶片不再是柱身的一部分，柱身顶端以倒钟形收束，旁边缠绕着叶片。这些叶片装饰越写实，反而越缺少美感。

肋拱交叉处的浮雕图案亦是如此。在早期英国哥特风的拱形圆顶上，肋拱的线脚延伸，组成了花朵的浮雕茎蔓，而在后期，肋拱的交接处被叠加的浮雕覆盖，这种处理就好比是在科林斯式柱头倒钟形上堆叠了茛苕叶饰。

在拱肩处，如果采用程式化处理，那么在拱肩上便会分布一条主茎蔓，花朵和叶片从中衍生出来，但如果进行写实处理的话，茎蔓不再是支撑起整个图案的主体，在硬石表面去表现纤柔的植物，便优雅尽失。作为主线的茎蔓逐渐隐退了，拱肩上通常覆满了从中央弯曲的茎上延伸出来的叶片。

图 75 早期英国风格，威尔士大教堂，科林斯

图 76 装饰艺术，威尔士大教堂，科林斯

图 77 沃明顿教堂，北安普敦郡，W Twopeny

图 78 沃明顿教堂，北安普敦郡，W Twopeny

图 79 石雕教堂，肯特郡，地形协会出版

我们无法仅凭留存下来的有限的建筑室内装饰图案来充分了解 13 世纪这类装饰的全貌。彩绘手稿中的装饰也不是完全可靠，因为 12 世纪以来，建筑装饰就有别于手稿中的装饰了，况且手稿插画流派繁多，又互相借鉴，往往一幅插图中就兼有不同的风格。如果一座建筑的雕刻装饰是程式化的话，那么其他的装饰图案也不太可能偏离太远。

彩图 16-2~64 中列出了从 9 世纪到 14 世纪期间的彩绘手稿中的各式边框；彩图 16-65~114 中的图案是墙壁上的菱格纹，通常是彩绘插图背景，源自 12 世纪到 16 世纪之间。然而能与英国早期纯程式化装饰图案相配的边框或背景图案并不多。

13 世纪是建筑发展的全盛时期。开罗的清真寺、阿尔罕布拉宫、索尔兹伯里（Salisbury）大教堂、林肯大教堂、威斯敏斯特宫，这些建筑都外观气派，装饰精美。它们仿佛同出一门：尽管样式各异，但原理相同。它们都布局匀称，起伏灵动，装饰上效法自然，表现出同样的优雅与精致。

要在今日复制出一座 13 世纪的建筑已经完全不可能了。光有粉饰的墙壁、彩色花窗和釉瓦，是无法重现往日的神采的。当年的建筑，每一条线脚的色彩都与形制交相辉映，从地面到屋顶的一切装饰都恰到好处，它的魅力是难以言喻的。当建筑发展已经登峰造极，大放异彩——这光芒迸发后便注定开始黯淡。不仅是建筑，所有伴随建筑的装饰艺术也同样将一往无回地走向衰落，直至烟消云散。

彩图 16-143~178 列举的釉瓦中，最具美感且最符合装饰目的的是最早期的作品，例如彩图 16-159，16-165。尽管并没有衰落到要做出浮雕的效果，但还是可以看到趋向写实的叶饰，例如彩图 16-158，16-170 展示的窗饰和建筑特征，明显逊色了一大截。

彩图 16-1 中是取自彩绘手稿的一系列程式化的花朵与叶饰。尽管它们很多在原稿中是色彩非常鲜艳的，我们只印刷出了两色，主要为了展示仅凭本身的造型，这些图案也能起到很好的装饰效果。将花叶添加在涡旋茎干上可以变化出各种样式，如图中这些各式的图案。不同样式又可以组合出更丰富的图案，也可以运用同样的原理将自然的花朵叶片进行抽象化，艺术家是有无限发挥的空间的。

我们努力搜集了 12 世纪到 15 世纪末的各种各样的装饰风格，展示在彩图 16-179~221 中。从这些作品中也可以看出与最早期的艺术巅峰相比，它们已经开始走向衰落了。彩图 16-179~191 中字母 N 的装饰效果是后世作品不可企及的。它是纯装饰性质的艺术字体，从各方面看都发挥到了极致。字母本身便是装饰的主体；主茎从字母中衍生而出，从底部蜿蜒而上，在顶部逐渐膨胀成一个涡旋形状，位置恰到好处地与字母顶角的折线形成鲜明的对比；绿色的涡旋部分巧妙地烘托出字母 N 的上半部分，它与从中衍生出的红色涡旋部分匀称地搭配在一起。色彩的搭配也达到了高度的对比与统一；通过色彩便可表现出茎干的浑厚感，无须故意表现出浮雕感，值得我们借鉴。彩绘手稿中有很多这种风格的装饰，我们认为它是插画中的精品。这种风格整体上来说是东方式的，或许是在拜占庭插画基础上发展出来的。我们认为，早期的英国哥特装饰艺术也采取了拜占庭普遍流行的设计原理，注重整体布局的法则。

然而这种风格一旦被滥用，便逐渐失去了它最初萌发之时特有的美感与规范，当涡旋形制变得细密雕琢之后，例如彩图 16-191，便美感尽失了。布局的平衡感被破坏了，四个涡旋形状只是单调的重复而已。

从这一时期开始，我们发现首字母不再是装饰的主体，装饰更多地放在了文字边框或页面一侧的尾端，前者例如彩图 16-192，后者例如彩图 16-194~197。边框变得更为重要，从最初的辅助装饰，例如彩图 16-207，逐渐演变成了彩图 16-193，16-198 中红线包围边框的样式，而边框里填满了茎干与花朵，形成平衡的色彩搭配。彩图 16-205 是 14 世纪普遍流行的代表性装饰，带有强烈的构筑特征。它们通常出现在小本弥撒书上，围绕着精美的细密画。

从彩图 16-194~196 中可以看出装饰风格是如何从扁平的抽象化图案过渡到浮雕写实效果图案的，前者如彩图 16-202，16-203 所示，后者如彩图 16-193，16-198 和 16-206 所示。同时连续性主干的构图也逐渐不见了，尽管彩图 16-193，16-198 和 16-206 中的花朵和叶束依旧能够追溯到其根部，但整体布局趋于零散化了。

直到这一时期，装饰依旧是经文抄写员的工作，他们最初用黑线勾勒，之后上色，但在 P245~246 中可以看出，画家似乎取代了抄写员的工作，越到后来插画图案的风格偏离得越远。

彩图 16-208 属于装饰发展的第一阶段，它是一种几何感很强的布局，程式化的装饰围绕着金色的镶框，镶框上饰有略作程式化处理的花朵。在彩图 16-207，16-209~211 和 16-218 中，程式化的图案与写实的花朵图案散乱地交错在一起。设计的连续性逐渐被摒弃之后，就有了后来如彩图 16-216 中的样式，程式化的花朵与写实的花朵出现在同一根茎干上。还有彩图 12-217 和 12-220，画家给花朵和昆虫加上了阴影。插画艺术走到这个时期已经衰落到谷底了——所有的理想范式已经消失殆尽，最后画家只专注于如何栩栩如生地描绘昆虫，追求跃然纸上的感觉。

彩图 16-215 和 16-219 是 15 世纪时一种特殊意大利风格的彩绘手稿，是对 12 世纪流行装饰体系的一次复兴。彩图 16-214 就是艺术复兴的作品，金色背景上配以鲜艳的交织图案。这种风格最后也随着时间衰落，从最初的几何式演变成了写实式，因而也走向颓废了。

彩色花窗上的装饰与彩绘手稿的装饰更为接近，它们似乎比同时期的建筑物的雕饰发展得更快。例如 12 世纪的玻璃花窗已经采用了 13 世纪的雕饰布局，取得了同样的美感，而到了 13 世纪，玻璃花窗已经走向衰落了。对比彩图 16-190 和 16-191 便可看出这种颓势。

不断重复同样的图案，以至于最后过于顾小节而失了大局。装饰图案与整体布局之

图 80　威尔士大教堂，科林斯

间便失衡了。早期英国风格中最大的亮点之一是，装饰物与整体之间比例匀称，达到完美的视觉效果，有它值得玩味的地方。彩图 16-135，16-139 的所有装饰都来自 12 世纪。彩图 16-115，16-117 来自 13 世纪。彩图 16-116，16-119，16-120，16-122，16-123，16-124，16-126，16-127 来自 14 世纪。这些图案只需粗略一看，便可看出其中的区别。

12 世纪的彩色玻璃花窗体现了真正艺术风格所有的设计原理。只要观察一下菱格图案中的直线、斜线与曲线便可领略其中的奥妙，它们达到了巧妙的对比与统一。

彩图 16-116，16-123 展示了一个非常东方式的原理——连续式的彩色底图上面交织了一层表图。

彩图 16-119，16-124，16-126，16-127 来自 14 世纪，是装饰图案走向写实风格的开端，装饰图案和人物造型都有了光影变化，目的是为了体现它们的阴影，以致最后完全摒弃了彩色花窗时期的设计原理。

彩图 16-1
传统的叶片与花朵，
取自不同时期的彩绘
手稿

彩图 16-1

彩图 16-2~36
取自彩绘手稿的一系
列边框，9 世纪至 14
世纪

彩图 16-2　　　　彩图 16-3

彩图 16-4　　　　　彩图 16-5　　　　　彩图 16-6

彩图 16-7　　　　　彩图 16-8　　　　　彩图 16-9

彩图 16-10，11，12，13，14，15，16，17，18

彩图 16-19，20，21，22，23，24，25，26，27

彩图 16-28　　　　彩图 16-29　　　　　　彩图 16-30

彩图 16-31　　　　　彩图 16-32　　　　　彩图 16-33

彩图 16-34　　　　　彩图 16-35　　　　　彩图 16-36

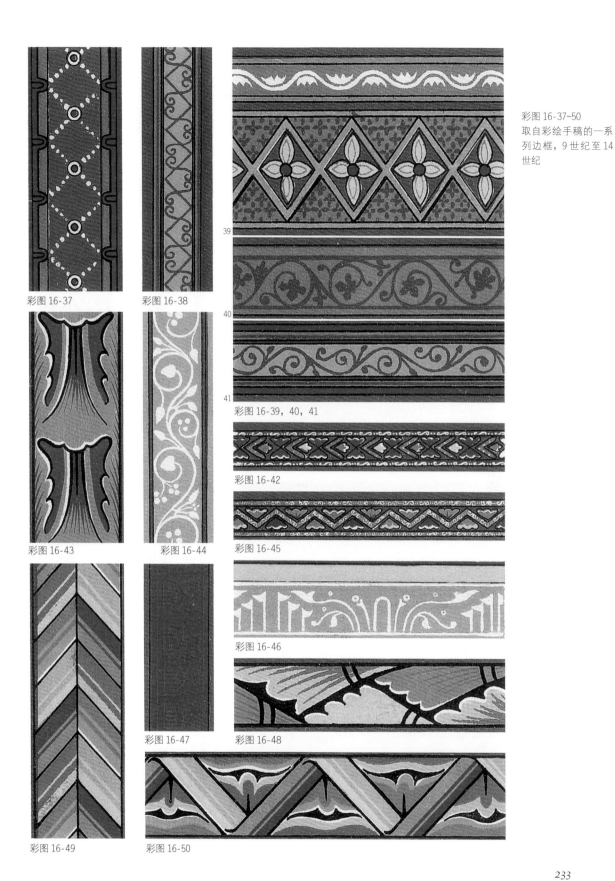

彩图 16-37

彩图 16-38

彩图 16-37~50
取自彩绘手稿的一系
列边框，9世纪至14
世纪

39

40

41

彩图 16-39，40，41

彩图 16-42

彩图 16-43

彩图 16-44

彩图 16-45

彩图 16-46

彩图 16-47

彩图 16-48

彩图 16-49

彩图 16-50

彩图 16-51~64
取自彩绘手稿的一系
列边框，9世纪至14
世纪

彩图 16-51

彩图 16-52

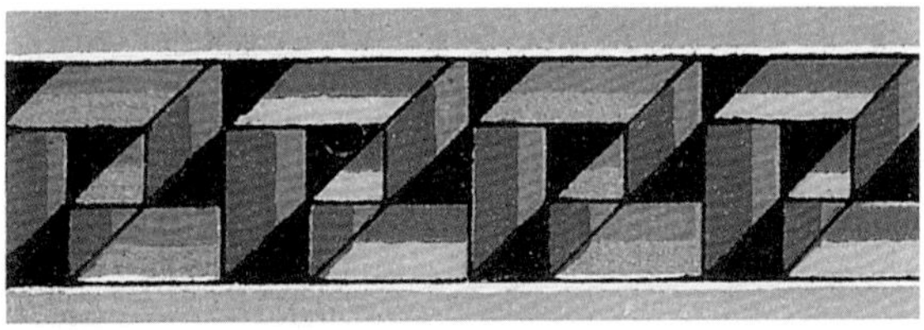

彩图 16-55

彩图 16-56

60

61

62

彩图 16-60, 61, 62

彩图 16-53

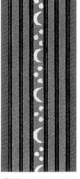

彩图 16-54

彩图 16-57

彩图 16-59

彩图 16-58

彩图 16-63

彩图 16-64

234

彩图 16-65

彩图 16-66

彩图 16-67

彩图 16-68

彩图 16-69

彩图 16-70

彩图 16-71

彩图 16-72

彩图 16-73

彩图 16-74

彩图 16-75

彩图 16-76

彩图 16-77

彩图 16-78

彩图 16-79

彩图 16-80

彩图 16-81

彩图 16-82

彩图 16-83

彩图 16-84

彩图 16-85

彩图 16-86

彩图 16-87

彩图 16-88

彩图 16-89

彩图 16-65~89
墙上的菱格图案，取
自彩绘手稿的细密画，
12 世纪至 16 世纪

235

彩图 16-90~114
墙上的菱格图案，取
自彩绘手稿的细密画，
12 世纪至 16 世纪

彩图 16-90

彩图 16-91

彩图 16-92

彩图 16-94

彩图 16-95

彩图 16-96

彩图 16-93

彩图 16-99　　　　彩图 16-100

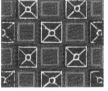

彩图 16-97

彩图 16-98

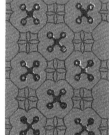

彩图 16-103

彩图 16-104

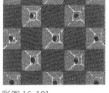

彩图 16-101

彩图 16-102

彩图 16-109

彩图 16-110

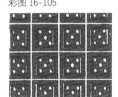

彩图 16-105

彩图 16-106

彩图 16-113

彩图 16-114

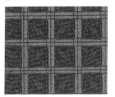

彩图 16-107

彩图 16-108

彩图 16-111

彩图 16-112

236

彩图 16-115

彩图 16-116

彩图 16-117

彩图 16-118

彩图 16-119

彩图 16-120

彩图 16-121
圣托马斯教堂，斯特
拉斯堡（Strasburg）

彩图 16-122
苏瓦松大教堂

彩图 16-123
牧师会礼堂，约克大
教堂

彩图 16-124
Attenberg 教堂，科隆
附近

彩图 16-125
坎特伯雷大教堂

彩图 16-126，16-127
Attenberg 教堂，科隆
附近

彩图 16-121

彩图 16-122

彩图 16-123

彩图 16-124

彩图 16-125

彩图 16-126

彩图 16-127

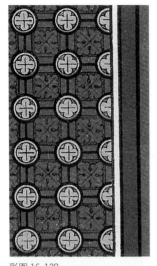

彩图 16-128

彩图 16-129

彩图 16-130

彩图 16-132

彩图 16-131

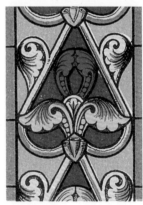

彩图 16-132

134

135

彩图 16-134，135

彩图 16-128~129
博格斯大教堂（Cathedral of Bourges）

彩图 16-130
圣库尼伯特教堂（St. Cunibert），科隆

彩图 16-131
坎特伯雷大教堂

彩图 16-132
圣丹尼修道院

彩图 16-133~134
博格斯大教堂

彩图 16-135
圣丹尼修道院

彩图 16-136
昂热大教堂

彩图 16-137~139
博格斯大教堂

彩图 16-140
圣库尼伯特教堂，科隆

彩图 16-141~143
博格斯大教堂

彩图 16-136，137

彩图 16-138

彩图 16-139

彩图 16-140

彩图 16-141

彩图 16-142

彩图 16-143

240

彩图 16-144　　彩图 16-145　　彩图 16-146　　彩图 16-147　　彩图 16-148　　彩图 16-149

彩图 16-150　　彩图 16-151　　　　　　　　　　　　　　　　　　　彩图 16-155　　彩图 16-156

彩图 16-152　　彩图 16-153　　彩图 16-154　　　　　　　　　　　　彩图 16-157　　彩图 16-158

彩图 16-159　　　　　　　　　彩图 16-160　　　　　　　　　　　彩图 16-161

彩图 16-162　　彩图 16-163　　　　　　　　　　　　　　　　　　　彩图 16-167　　彩图 16-168

彩图 16-164　　彩图 16-165　　彩图 16-166　　　　　　　　　　　　彩图 16-169　　彩图 16-170

彩图 16-171　　彩图 16-172　　　　　　　　　　　　　　　　　　　彩图 16-176　　彩图 16-177

彩图 16-173　　彩图 16-174　　彩图 16-175　　　　　　　　　　　　彩图 16-178　　彩图 16-179

彩图 16-144~179
釉瓦，13 世纪和 14
世纪

241

彩绘手稿

彩图 16-180~190
取自 12 世纪大英博物

彩图 16-191
取自 12 世纪《中世纪
插图》——汉弗莱斯

彩图 16-192
取自 13 世纪《中世纪
插图》——汉弗莱斯

彩图 16-180

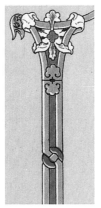

彩图 16-181

彩图 16-182

彩图 16-183

彩图 16-184

彩图 16-185

彩图 16-186

彩图 16-187

彩图 16-188

彩图 16-189

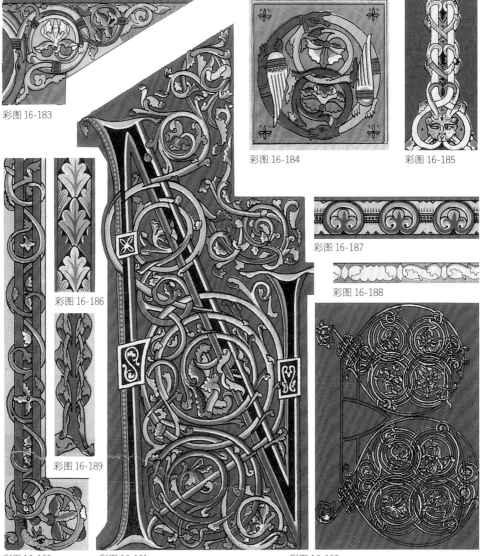

彩图 16-190

彩图 16-191

彩图 16-192

彩图 16-193

彩图 16-194

彩图 16-195

彩图 16-196

彩图 16-197

彩图 16-198

彩图 16-199

彩绘手稿

彩图 16-193
取自 14 世纪《中世纪插图》

彩图 16-194
取自 15 世纪《中世纪插图》

彩图 16-195~197
取自 14 世纪大英博物馆。

彩图 16-198
取自 15 世纪大英博物馆。

彩图 16-199
取自 15 世纪《中世纪插图》

彩图 16-200
取自 14 世纪大英博
物馆

彩图 16-201
取自 14 世纪《中世纪
插图》

彩图 16-202
取自 14 世纪大英博
物馆

彩图 16-203
取自 13 世纪大英博
物馆

彩图 16-204
取自 13 世纪大英博
物馆

彩图 16-205
取自 14 世纪大英博
物馆

彩图 16-206
取自 14 世纪《中世纪
插图》

彩图 16-207
取自 15 世纪《中世纪
插图》本书作者收藏
的彩绘手稿

彩图 16-200

彩图 16-201

彩图 16-202

彩图 16-203

彩图 16-204

彩图 16-205

彩图 16-206

彩图 16-207

彩图 16-208

彩图 16-209

彩图 16-210

彩绘手稿

彩图 16-208~214
彩绘手稿，15世纪伊
始至15世纪末。

彩图 16-212~213
取自《中世纪插图》。
剩余图案取自大英博
物馆

彩图 16-211

彩图 16-212

彩图 16-213

彩图 16-214

彩图 16-215~222
彩绘手稿，15 世纪伊
始至 15 世纪末。彩图
16-217，16-218，16-
221，16-213，16-
214 取自《中世纪插图》。
剩余图案取自大英博
物馆

彩图 16-215

彩图 16-216

彩图 16-217　　彩图 16-218

彩图 16-219

彩图 16-220

彩图 16-221

彩图 16-222

第十七章　文艺复兴装饰艺术

倘若有两名研究意大利艺术和文学的学生怀着孜孜不倦的研究精神，其中一名去追溯曾经光辉万丈的罗马艺术是在何时散尽昔日荣光的，另一名学生去探索已经被历史学家宣告终结的古典艺术最早是在何时被人们再次推崇的，想必两个人的研究不仅会回归到同样的地方，还会有交叉。实际上，意大利的土地上遍布着古罗马的建筑丰碑，它们气派非凡，宏伟壮观，这些古迹就围绕在人们周围，是不会被人忘却的。轻轻拂去那些石头、青铜和大理石上的尘埃，那些历史的残片便又展露出惊心动魄的美；人们用这些残片来点缀坟冢，装饰建筑，而往往忽略了铸就美丽背后的艺术原理。这就是为什么哥特风格很晚才进入意大利，倏然绽放却也只是昙花一现。在 13 世纪初，一位英国人在意大利北部的韦尔切利（Vercelli）建造圣安德烈教堂的时候，引入了尖拱结构，与此同时，德国人马吉斯特·雅各布斯（Magister Jacobus）在阿西西（Assisi）建造教堂，此举引发了当地保护传统艺术的抗议，发起者正是古典雕塑的复兴者尼古拉·皮萨诺（Nicola Pisano）。整个文学界在 13 世纪末经历了天翻地覆的变革。但丁在当时作为古典鸿儒和维吉尔传承者的声名要远超过基督诗人的声名。14 世纪时，彼特拉克和薄伽丘这对挚友很长一段人生都在一起度过，他们并没有像人们想象中那样将时间花在作诗写文上，而是投入最大精力共同来保存和复兴被人遗忘的古罗马和古希腊的鸿篇巨著。皮斯托亚的西诺和其他博学多识的的大师与法学家带动起了研究卷帙浩繁的古典律法之风，并建立了专门研究这些律法的学院。薄伽丘是将古神话介绍到意大利的第一人，也是在佛罗伦萨建立起第一个希腊语言研究席位的人，邀请来自君士坦丁堡的博学的希腊人莱昂提乌斯·皮拉图斯（Leontius Pilatus）担任研究的第一位教授。这场古典复兴的运动得到当时很多名门贵族的支持，其中比较著名的人士包括了拉韦那的约翰（彼特拉克的学生）、莱奥纳多·阿雷蒂诺（Lionardo Aretino）、波基奥·布拉乔利尼（Poggio Bracciolini）、埃涅阿斯·西尔维厄斯（Aeneas Sylvius，后成为教皇普锐斯二世，1458-1464），还有美第奇家族的父辈老科斯莫。当时这些名人贤士已经将古典著作搜集完备，储藏在公共图书馆和私人收藏室中，又正值 15 世纪中期，印刷术引入意大利。在苏比亚科（Subiaco）本笃会教徒的庇佑下，德国的斯芬海姆（Sweynheim）和潘纳茨（Pannartz）在著名的圣思嘉修道院（Santa Scholastica）建立起了他们的印刷厂，1465 年出版了拉克坦提乌斯（Lanctantius）的著作。1467 年，印刷厂搬到罗马后，他们的第一大成果就是出版了西塞罗的《论演说家》。德国和法国印刷《圣经》和教会文学，英格兰印刷流行文学；到了意大利之后开始改为全部印刷经典文学了。法国人尼古拉斯·让松（Nicholas Jenson）被法国的路易十一派往富斯特（Fust）和谢弗（Scheffer）学习"制书的新工艺"（le nouvel art par lequel on faisait des livres），让松将他所学的技艺从美因茨（Mayence）带到了威尼斯，他在威尼斯发明了意大利斜体，这种新字体很快被奥尔德斯·马努提乌斯（Aldus Manutius）采用。马努提乌斯不仅是个博学多才的编辑，同时也是充满热忱的印刷商，从 1400 年开始，他陆续快速地印刷出了希腊和拉丁的经典书籍。他的一本早期印刷书籍在艺术史上意义重大，名为《寻爱绮梦》（Hypnerotomachia），或《波利菲罗斯的寻梦记》，作者是教会博学的弗拉·科隆纳（Fra Colonna）。该书充满丰富的木版画，艺术水平堪与艺术家安德烈亚·曼特尼亚（Andrea Mantegna）的作品媲美。可以看出插画作者是对古典装饰颇有研究的，这种与中世纪迥异的风格在欧洲大陆传播开来。维特鲁威的作品于 1486 年在罗马出版，1496 年在佛罗伦萨出版，1511 年绘图版在威尼斯出版，阿尔贝蒂的杰作《论建筑》（De Re Aedificatoria）于 1485 年在佛罗伦萨出版，奠定了古典艺术复兴的基调，在意大利广受欢迎的古典设计细节也得以快速地传播到其他国家。威尼斯的第一代奥尔德斯的继承者，同在威尼斯的焦利蒂（Gioliti）以及佛罗伦萨的吉恩提（Giunti），很快便将经典著作大量出版。在印刷术的推动之下，这股文艺复兴的潮流蔓延到不同的国家与文化，倘若当时没有发明印刷术，这场运动很可能只局限在意大利。

正如我们所提到的，早在第一批古典研究者取得成果之前，艺术界似乎已有迹象表明，意大利风格和哥特风格本质上是对立的。阿西西教堂天顶上的装饰出自绘画之父契马布埃之手，上面的莨苕叶饰描绘精准；尼科拉·皮萨诺与其他 13 或 14 世纪的艺术大师们钻研古迹，从中汲取了很多艺术元素。然而，直到 15 世纪初，文艺复兴运动才初具气候。意大利文艺复兴的最初阶段无疑是设计原理的复兴，直到 15 世纪中期，文学的复兴才悄然兴起。最初的一批作品又兴起模仿自然的趋势，古典装饰的细节相对还未引发人们的注意和模仿，这个阶段还偶尔存在缺陷，后期逐渐完善，教育的系统也愈加规范；然而后期直接模仿古典作品，虽然更为完善，美感也是照搬照抄过来的，但相比之下，我们更倾心于早期作品那耳目一新与稚气可掬的韵味。

著名的雅各布·德拉·奎尔恰（Jacopo della Quercia）在艺术复兴道路上迈出了第一大步。他从出生地锡耶纳辗转到卢卡，于 1413 年在卢卡的大教堂中为卢卡领主奎因奇卡雷托（Guinigi Di Caretto）的妻子伊拉里亚·德尔·卡雷托（Ilaria del Carretto）创作了一个雕塑。奎尔恰的作品（水晶宫中陈列了该作品的石膏复制品）展露出回归自然的力量，尤其是基座上部分的花彩和托起花彩的小胖男童天使最能体现这一点；男童天使的弓形腿体现了模仿的稚朴。奎尔恰的代表作其实是锡耶纳集市广场上的喷泉。这个喷泉由 2200 个达卡金币制成，哪怕在今日它已经受岁月侵蚀而残破了，我们还是可以感受到奎尔恰无与伦比的艺术才华。在他完成这一杰作后，人们便以"喷泉的雅各布"称呼他；奎尔恰因为这个作品一鸣惊人，他被誉为锡耶纳大教堂的执事。奎尔恰一生勤勤勉勉，饱经沧桑，最终于 1424 年在锡耶纳逝世，享年 64 岁。尽管他最终未能成为佛罗伦萨洗礼堂的青铜大门的设计者，但他一生备受尊崇，逝世后仍旧对后世的雕塑发展产生深远的影响。尽管如此，说到写实的逼真性、优雅性、灵活性以及装饰搭配，奎尔恰还是远不及他的同辈洛伦佐·吉贝尔蒂。

1401 年的佛罗伦萨在民主政制下成为欧洲最繁荣的城市之一。在这种政体下，不同行业以行会的形式组织起来，被称为"Arti"，由委员（consoli）代表。1401 年时任职的委员决定为洗礼堂再造一扇青铜大门，作为安德烈·皮萨诺（Andrea Pisano）设计的青铜大门的补充。之前的青铜大门虽然优雅，但仍是哥特风格的。

当时佛罗伦萨的行政机关旧宫将建造青铜大门的消息告知了意大利最优秀的设计师，进行公开选拔。佛罗伦萨当地的小伙子（22 岁的）洛伦佐·吉贝尔蒂（Lorenzo Ghiberti）还有布鲁内莱斯基（Brunelleschi）和多纳泰罗（Donatello）在选拔中脱颖而出。后两位艺术家后来自愿将机会让给了吉贝尔蒂，自此之后吉贝尔蒂花了 23 年的时间才将这扇大门建成。大门设计精美，工艺精湛，于是执政政府又委任洛伦佐·吉贝尔蒂设计了另一扇大门，于 1444 年完工。这扇大门对于艺术史的影响和它的内在魅力，我们给予再多的赞美都是不过分的，它完美的设计与工艺可谓空前绝后。大门面板周围的装饰图案（部分请见彩图 17-10）值得我们详细研究。吉贝尔蒂不属于任何流派，也不能说他自创一派，他是从他身为金银匠的岳父那里学艺的，他对艺术的影响更多地体现在米开朗基罗·博那罗蒂（Michelangelo Buonarroti）和拉菲尔（Raffaelle）对他的崇敬和研究上，而不是通过他的学生将影响传续下去的。他于 1455 年在家乡佛罗伦萨寿终正寝。尽管吉贝尔蒂的作品美丽优雅，但缺乏活力与雄浑之气，他的继承者多纳泰罗弥补了这一缺陷；而将两位艺术家的特质兼具于一身的是卢卡德拉罗比亚（Luca della Robbia），罗比亚一生作品颇丰，作品中的装饰图案细节极具自由优雅的气息，堪与古典作品媲美。菲利波·布鲁内莱斯基（Filippo Brunelleschi）则是雕塑家兼建筑家。他的雕塑才华体现在他与吉尔贝蒂共同竞争圣乔瓦尼洗礼堂大门的设计权的试作中；而建筑设计才华则展现在佛罗伦萨富丽堂皇的圣母百花大教堂中。兼具建筑与雕塑才能着实是当时那个时代的一大特征。人物、叶饰和程式化的装饰图案与线脚和其他构筑结构欣然无间地融合在一起，体现了艺术家脑海中浑然一体的完美设计思维是如何跃然眼前的。

托斯卡纳地区经历了新审美趣味的洗礼，那不勒斯、罗马、米兰和威尼斯也掀起了与此相似的风潮。马萨乔（Massuccio）在那不勒斯点燃了新艺术之炬，接着由安德烈·西科恩（Andrea Ciccione）、巴博乔（Bamboccio）、摩纳哥（Monaco）和阿米洛·菲奥里（Amillo Fiore）薪火相传。

王孙公子集聚罗马，历任教宗发起的修建工事吸引群贤入市，如今依旧可以在无数的宫殿教堂中看到残留的装饰精美的雕塑。布拉曼特（Bramente），巴尔达萨雷·佩鲁齐（Baldassare Peruzzi）和巴乔·平特里（Baccio Pintelli，圣阿戈斯蒂诺教堂外观的阿拉伯花纹便是他设计的，这件作品是罗马最早期的纯粹的文艺复兴运动作品，这里列出了一些优雅的木雕范例），甚至拉斐尔本人也亲自为雕花工人设计出最为精美考究的装饰图案。这里提到姓氏的艺术家都造诣颇深，佩鲁贾的圣伯多禄大教堂唱诗班的木椅将永载艺术史册。斯特凡诺·达·贝加莫（Stefano da Bergamo）的雕刻工艺与拉斐尔的设计可谓珠联璧合。

米兰大教堂和帕维亚的卡尔特修道院形成了真正伟大的艺术流派；具有代表性的

知名艺术家包括了富西纳（Fusina）、索拉里（Solari）、阿格拉蒂（Agrati）、阿马德奥（Amadeo）和萨基（Sacchi）。该地区盛产雕塑家，毫无疑问，他们继承了科马西尼石匠大师的传统精华，这些艺术天才们造就了中世纪诸多知名建筑华美的装饰。在16世纪的伦巴第艺术家中，阿戈斯蒂诺·布斯蒂（Agostino Busti）和他的学生布兰比拉（Brambilla）是最值得尊敬的两位。布斯蒂又被称为班巴哈（Bambaja）。布兰比拉（Brambilla）设计了卡尔特修道院精美绝伦的阿拉伯花纹，久为后世所惊叹。我们从高神坛上的排水石盆中遴选的木刻雕花展现了帕维亚的阿拉伯花纹的整体风格。

在威尼斯，最让人瞩目的是伦巴第派（彼得罗，图利奥，朱利奥，桑特和安东尼奥），他们的才华赋予了整座城市最璀璨的建筑丰碑。之后出现了里奇奥（Riccio），伯纳多（Bernardo）和多梅尼科·曼图亚（Domenico di Mantua）等其他雕塑家；但他们的风采加在一起也不抵贾科波·桑索维诺（Jacopo Sansovino）一人。在卢卡，马泰奥·西维塔利（Matteo Civitale，1435-1501）几乎独领风骚。回到托斯卡纳，我们发现15世纪末出现了最为精美的装饰性雕塑作品，它们不再是对自然简单刻意的模仿，而是对古典作品的程式化再现。菲索里派中的翘楚米诺·菲索里（Mino da Fiesole）、贝内戴托·马哈诺（Benedetto da Majano）和贝纳多·罗塞里尼（Bernardo Rossellini），这三位创造了佛罗伦萨和其他托斯卡纳大公国重镇里诸多教堂中精美的纪念碑。这些艺术家都擅长木雕、石雕和大理石雕；他们水平高超，只有上面提到的几位，他们的先辈和少有的几位同辈才技艺略高一筹。在这些艺术家当中，被称为老桑索维诺（Sansovino）的安德烈·康图奇（Andrea Contucci）造诣颇深；他所设计的罗马人民圣母教堂中的纪念碑的装饰线脚精美绝伦，是教堂引以为豪的瑰宝。他的学生贾科波·塔蒂（Jacopo Tatti）后来继承了师名，青出于蓝，是唯一可能与他较量的人。我们后面还会提到。

我们刚刚简要地回顾了意大利伟大的雕塑家的历史脉络，他们同时也是装饰艺术家，后世的艺术家和工匠研究他们的作品收获良多，我们来叙述一下几点收获。16世纪意大利浮雕装饰最具特色也是最让人神往的一点便是光影的处理，而光影的效果是通过无穷的平面变化打造的，不光体现在与背景平行的表面上，也体现在与背景相切的各种角度的平面上。

涡旋形制的浮雕效果是从涡旋的起点到涡眼慢慢缩小，它与厚度均等的浮雕效果之

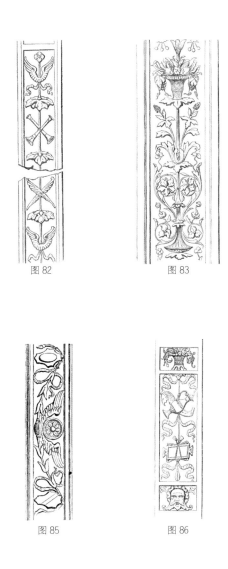

图 82

图 83

图 85

图 86

图 81　巴乔·平特里设计的阿拉伯花纹，圣阿戈斯蒂诺教堂，罗马
图 82　高祭坛的排水石盆的图案，卡尔特修道院，帕维亚
图 83　壁柱部分图案，奇迹圣母堂，威尼斯，伦巴第派
图 84　巴乔·平特里设计的阿拉伯花纹，圣阿戈斯蒂诺教堂，罗马
图 85　高祭坛的排水石盆的镶板，卡尔特修道院，帕维亚
图 86　高祭坛的排水石盆的镶板，卡尔特修道院，帕维亚

图 81

图 84

间差异是巨大的；16 世纪的意大利雕塑家更加倾向于前者，这就是为什么他们擅于运用极简和极繁的螺旋图案，打造出赏心悦目的装饰效果。

多纳泰罗将浮雕表面考究微妙的光影发挥得淋漓尽致，他被当时的佛罗伦萨人公认为是艺术审美方面的权威人物，被后代所有流派的艺术家推崇和效仿。他不仅是运用低浮雕（bassissimo relievo）的第一人，能利用投影效果和圆润的线脚打造出浮雕几乎达不到的效果，他也是将中浮雕和高浮雕融合在一起的第一人；他将作品呈现于不同的平面上，创造出视觉的层次感。多纳泰罗的雕刻技艺炉火纯青，他在不违反传统雕塑原理的情况下，从雕塑的姊妹艺术美术那里汲取元素，极大地丰富了 16 世纪意大利的雕刻实践。说这些艺术家的作品是创新并不为过，因为他们勤勤恳恳地研习古典，那个时代的装饰艺术家认真地借鉴模仿，造就了文艺复兴时代在雕刻与形制方面最特别也是最令人惊叹的高超技艺。

装饰艺术登峰造极的时候，装饰的整体规则布局与光影变化充满巧思，远观时，看到的只是整体几何图案中对称分布的一些关键点。再走近几步，连接这些关键点的线条和图案便映入眼帘。近睹时，便可让人一眼识别出其中的叶饰与卷须，精雕细琢的表面经得起任何细致的观摩推敲。16 世纪的意大利雕刻（"cisellatura"）装饰佳作纷呈，它们分布在伦巴第派艺术家设计的威尼斯的奇迹圣母堂（彩图 17-1，17-5，17-7），桑索维诺设计的罗马的人民圣母教堂（彩图 17-30），吉贝尔蒂设计的佛罗伦萨洗礼堂的大门（彩图 17-7），穆拉诺的圣米歇尔教堂（彩图 17-3，17-6），圣马可大教堂修道院（彩图 17-2，17-6），巨人阶梯（彩图 17-8，17-9），以及威尼斯的其他建筑，全部都美不胜收。这些装饰中的叶片或卷须的脉络舒展有序，并未违反或扭曲大自然中植物生长的形态。除非有特别的装饰目的，否则艺术家不会刻意为装饰增添柔顺感或更多细节；装饰艺术家倾其心血，刀凿斧刻间皆饱含匠心，不像今日的人们，将本是次级或细枝末节的部分提到主位，反次为主了。

除了像多纳泰罗这样的雕刻大师，其他的艺术家们无法拿捏好雕塑的界限，他们将绘画元素融入到浮雕中去，很快就导致混乱的情况发生。哪怕是伟大的吉贝尔蒂也不例外，他在雕塑中引入了透视法，过于写实地模仿自然，损害了很多本来布局优雅的作品的装饰效果。例如卡尔特修道院中的很多装饰性雕塑便严重犯了这种错误，它们非但没有让观者感受到静美与庄严，反而滑稽可笑——这些纪念碑就像是充满了仙子的玩偶之家，饰满了花环和吊饰，叶子丛生，已经没有了往日严肃艺术作品纪念亡灵或敬拜神明的功用。

对这些纪念碑的另一种比较公允的指责是，设计师的主旨与呈现在横雕带、壁柱、镶板、拱肩和其他装饰性内容之间不相符。那些具有悲剧或喜剧气息的面具、乐器、类似男性阳器的端饰、古祭坛、三足鼎、盛装奠酒的酒杯、起舞的裸童天使，半人半兽的海怪以及吐火女怪喀迈拉，虽然它们结合在一起也很和谐，但不适合用在纪念性丰碑和用于举办宗教仪式的建筑中。这种圣俗事物混杂的问题，或许责任并不在文艺复兴的艺术家身上，他们的作品仅仅是反映了当时主导的时代精神，反映了当时神话象征主义的抬头，是对东方统治者的教条主义束缚下禁欲传统的一种反抗，这种禁欲传统在数世纪的时间里得到教会的支持，对无知动荡的人民的灌输统治达到了最高点。哪怕是最虔诚的善男信女，也在 14 世纪时受到了这股圣俗杂陈之风的影响；我们就无须再深究比但丁的"喜剧"更杂糅的作品了，文学界将但丁的作品称为《神曲》，它是一部杂糅了哥特风格和古典主义的作品，当时的文学作品也都是这种杂糅的风格。

研习意大利 16 世纪的装饰艺术对于建筑家和雕塑家而言同样重要，因为装饰和建筑是不分家的，装饰服务于建筑线条并被其包围，二者是对比统一的关系。一般而言，横向分布的装饰都不适合于纵向分布，反之亦然；同样，装饰物与线脚，或图案与边框的比例通常是对称工整的，鲜有不一致的情况。在 P273~278 中的图案，大部分线条优美，装饰布局虽刻意但也十分自然。伦巴第派在威尼斯的奇迹圣母堂的作品（彩图 17-1，17-5，17-7；17-23）；安德烈·桑索维诺在罗马的作品（彩图 17-30）；还有多梅尼科（Domenico）和贝纳迪诺·曼图亚（Bernadino di Mantua）的作品（彩图 17-8，17-9），都达到了最高的艺术水平。在后来的装饰繁荣期，作品多统一用高浮雕，植物的茎秆卷须加粗了，取代了原来逐渐纤细的样式，艺术家也不再一板一眼地模仿大自然中叶片随意舒展的姿态，面板的装饰复杂密集起来，不再那么精细。雕塑家的作品似乎与建筑师的作品攀比起来，而建筑师则试图压过雕刻的风采，开始加粗线脚；整体风格开始走向厚重。我们可以从热那亚的作品中观察到这种走向密集的装饰趋势，如彩图 17-11~14，17-17，17-18，17-20；以及彩图 17-22，17-23，17-25，17-26，17-28，

图 87

图 88

图 89

图 90

图 91

图 92

图 93

图 87 左上部分壁柱，奇迹圣母堂，威尼斯

图 88 左下大理石台阶的小壁柱，奇迹圣母堂，

图 89 右下奇迹圣母堂，威尼斯，图里奥伦巴第，
1485 年

图 90 左图巨人阶梯的小壁柱，公爵宫，威尼斯，
多梅尼科（Domenico）和贝纳迪诺·曼图亚设计

图 91 中图竖饰带，奇迹圣母堂，威尼斯

图 92 右图大理石阶梯的小壁柱，奇迹圣母堂，
威尼斯

图 93 朵拉斯宫殿门廊部分图案，靠近圣马泰
奥教堂（Church of San Matteo），热那亚

17-29。彩图 17-27 来自布雷西亚地区的马尔蒂嫩戈（Martinengo）墓，反映了装饰密集不留白的趋势。

在雕塑发展的过程中，也展开了一场美术上的运动。契马布埃的学生乔托（Giotto）冲脱了希腊传统的束缚，向自然敞开了怀抱。他的装饰作品如同他的导师一样，包括了彩绘的马赛克图案、交织的饰带，以及自由发挥的莨苕叶饰。他在阿西西、那不勒斯、佛罗伦萨和帕多瓦的壁画和壁画装饰中展现了数量、布局和色彩上优美的平衡。14 世纪的艺术家掌握并采用了这种平衡的原理，出现了一批壁画装饰方面的大师，包括了西蒙尼·梅米（Simone Memmi）、塔迪奥·巴托罗（Taddeo Bartolo）、奥尔加纳派（the Oreagnas），彼得迪·洛伦佐（Pietro di Lorenzo）和斯皮内洛·阿雷蒂诺（Spinello Aretino）。在 15 世纪，也出现了像贝诺佐·戈佐利（Benozzo Gozzoli）这样悉心研究自然与古典的艺术家，他的成就见之于公墓的建筑背景作品，以及圣吉米尼亚诺教堂（San Gimignano）中起分隔作用的阿拉伯花纹中。多纳泰罗之于雕塑的影响，正如安德烈·曼泰格纳（Andrea Mantegna）之于美术的影响，这种影响不仅体现在人物画中，也反映在所有借鉴经典的各类装饰图案中。我们在汉普顿宫中有幸保留了他的精美作品，哪怕其中最细致入微的图案，也仿佛是出自古罗马人之手。在 15 世纪末，彩色风格被注入了新的面貌，发生剧变，这种新风格的特征与阿拉伯式花纹和怪诞装饰之间的联系，我们接下来会提到。

让我们把目光从意大利转移到法国。意大利点燃了文艺复兴的火炬，法国是第一个接过火炬的欧洲国家。查理八世和路易十二在意大利展开的军事冒险，让法国的贵族们领略了佛罗伦萨、罗马和米兰的辉煌艺术，对此产生了钦慕之情。最早预示着法国艺术风格改变的（不幸在 1793 年被毁）是 1499 年矗立的查理八世纪念碑，其中镀金青铜制成的围绕君主的女神群雕，完全是意大利风格的。同年，路易十二邀请维罗纳的知名建筑家弗拉·乔康多（Fra Giocondo）造访法国。老奥尔德斯是乔康多的良师益友，乔康多是维特鲁威著作的首个编辑印刷商。1499 年到 1506 年期间，乔康多都待在法国，受皇家委任设计了跨越塞纳河的两座桥,而其他的一些小作品可能现在已经不复存在了。富丽堂皇的盖伦城堡是在 1502 年由枢机主教昂布瓦斯（Amboise）主持修建的，很多人认为它是乔康多的作品，但是埃默里克·戴维（Emeric David）和其他法国考古学家认为并非如此。城堡的内饰充满法国色彩，并且乔康多的才华更多地表现在工程方面而非装饰艺术。另外，作品包含诸多经典勃艮第元素，因而说他是乔康多作品并站不住脚，它何尝不可能是法国艺术家创造出的第一部文艺复兴作品。关于这件事的来龙去脉见之于 1850 年德维尔（Deville）出版的书中，此后才平息了争议。我们从这本书中得知，纪尧姆·塞诺（Guillaume Senault）是一位建筑家以及石匠大师。或许枢机主教曾向乔康多询问过城堡整体设计的意见，而塞诺及其法国的同伴们是真正落实修建细节的人。主要参与建筑的意大利人是贝特朗·梅奈尔（Bertrand de Meynal），城堡中经典的阿拉伯花纹就是他设计的，他被委任将热那亚美丽的威尼斯喷泉也搬过来，这就是著名的盖伦城堡喷泉，现藏于卢浮宫，我们从中撷取了一些优雅的装饰图案（彩图 17-197，17-200，17-204，17-205）。科林·卡斯蒂略（Colin Castille）被列入"经典作品的剪裁者"的名单上，他很可能是在罗马学习的西班牙人。总而言之，剔除勃艮第元素的剩下的作品都属于非常纯粹的文艺复兴作品了，与优良的意大利作品并无差别。

现位于巴黎附近的圣丹尼教堂的路易十二纪念碑，是第一个将建筑布局的对称与细节的精雕细琢都发挥得淋漓尽致的法国作品，堪称 16 世纪的精品。这个纪念碑在 1518 年到 1530 年期间完成，是弗朗索瓦一世委任托尔斯的尚·朱斯特（Jean Juste）修建的。12 个半圆拱门将裸身的君主伉俪围绕在中央；每个拱门下都站着一位使徒；四个角落则矗立着代表了正义、力量、勤俭和智慧的雕像；呈跪姿的国王伉俪高过了其他的雕像。这个浅浮雕表现了路易十二以胜利者姿态进入热那亚的情形，以及他在阿古戴尔之战（Aguadel）中彰显的雄风。

人们通常认为路易十二纪念碑出自特雷巴蒂（保罗·波内）之手，但其实在他去法国之前，这个纪念碑就已竣工，正如如下的皇家记载中所述。弗朗索瓦一世在给红衣主教杜普拉（Cardinal Duprat）的信中如是说："Il est deua Jehan Juste mon sculteur ordinaire, porteur de ceste la somme de 400 escus, restans des 1200 que je lui avoie pardevant or donnez pour la ménage et conduite de la ville de Tours an lien de St.Denis en France, de la sculpture de marbre de feuz Roy Loys et Royne Anne, &c. Novembre 1531."

像路易十二纪念碑这样值得研究的同时期作品还有沙特尔大教堂，它的外观饰满了精美的高浮雕和浅浮雕；这些浮雕描述了救世主耶稣和圣母玛利亚的生平事迹，形成了41 组群像，其中的 14 组出自让·戴西尔（Jean Texier）之手，他在完成了新钟楼之后于 1514 年开始了这 14 组雕像的修建。这些人物组合真实精美，人物造型生动自然，衣裾优雅飘逸，表情栩栩如生；壁柱、横雕带和底部线脚上饰满了阿拉伯花纹，是最精彩的部分；这些图案非常小；装饰壁柱的最大的一组图案宽度也只有 8 或 9 英寸。尽管它们体量微小，其中蕴含的雕刻精神和出神入化的手法却让人叹为观止。茂密的叶饰、树枝、鸟兽、喷泉、兵器包、半人半羊的森林之神、军旗和分属于不同艺术派别的工具，它们被巧妙地安排在了一起。弗朗索瓦一世的首字母 F 的花押字在阿拉伯花纹的围簇下十分醒目，同时可以从衣裾上看到 1525，1527 和 1529 的年份的字样。

布列塔尼的安妮（Anne of Brittany）为了纪念双亲，在 1507 年 1 月 1 日，于南特的加尔默罗（Carmelite）教堂的唱诗班席位处修建了纪念碑。这是艺术大师米歇尔·科伦贝（Michel Colombe）的早期成名作。其中的装饰细节十分优雅。鲁昂大教堂中的主教昂布瓦斯纪念碑于 1515 年开始修建，是由大教堂的石匠大师 Roulant le Roux 主持修建的。该项目并没有意大利人帮助执行，因而我们可以认为，法国当地艺术家在文艺复兴氛围的熏陶下，热情洋溢地独立完成了自己的作品。

弗朗索瓦一世在 1530 年和 1531 年分别邀请罗索（Rosso）和普里马蒂乔（Primaticcio）造访法国，继这两位艺术家之后，尼科洛·德·阿巴特（Nicolo del'Ab-

图 94　弗朗索瓦二世即布列塔尼公爵及其妻子玛格丽特·富瓦（Marguerite do Foix）陵墓部分装饰，布列塔尼的安妮在南特的加尔默罗教堂主持修建的纪念碑，米歇尔·科伦贝作品，1507 年

bate）、卢卡彭尼（Luca Penni），切利尼（Cellini）、特赫巴蒂（Trebatti）和吉拉莫德拉·罗比亚（Girolamo della Robbia）等艺术家也纷纷而至。这些艺术家的到来为枫丹白露派艺术奠定了基础，为法国的文艺复兴注入了新鲜的空气，我们之后会提到。

　　木雕艺术史的种种细节并不在本书的涉猎范围之内。但值得一提的是，石雕、大理石雕和铜雕的各种技法都很快就被应用到了木雕上，在工业艺术历史的长河中，能够利用雕塑家的技艺来如此优雅地打造豪华家具，当属文艺复兴时期了。P285~288中的图案便充分证明了这一点。倘若让专心的学生来审视这些作品，那么他无疑会发现，这些作品慢慢走出了文艺复兴早期对古典叶饰的着重，取而代之的是层出不穷的饰物与意境，它们脱胎于古典元素，突出部分逐渐丰满，略趋于厚重；最后，他会发现法国作品不同于意大利风格，是法兰西民族独有的，例如有小方格或椭圆形凹痕的程式化涡旋图案（彩图17-190，17-192），以及头像圆章（彩图17-171，17-187）。

　　15世纪的彩色花窗还未受泽于法国文艺复兴的曙光。这些装饰图案、华盖、叶饰和铭文尽管自然流畅，但风格华丽，棱角僵硬，人物深受主导绘画风格的影响。15世纪的彩色玻璃也较为美观，与13世纪相比更为纤薄，尤其是蓝色玻璃。这一时期涌现了大量的彩色玻璃花窗，几乎在法国的任何一座大教堂中都能看到这些精美的玻璃范本。鲁昂的圣旺（Ouen）大教堂的高窗墙上有一块白石板，上面描绘了精美的人像；巴黎的圣热尔韦教堂和马恩河畔沙隆的圣母院中便可寻到15世纪的一些玻璃精品。

　　文艺复兴时期，彩色玻璃获得了长足的发展。一流的大师们参与绘制草图；艺术家使用珐琅来增加色彩的深度，同时不失去装饰的丰富性，白色也使用得更多。很多当时的玻璃窗都采用了灰色装饰画（grisailles）手法，例如让·古赞（Jean Cousin）为万塞讷的圣礼拜堂设计的玻璃窗；其中的一个窗户描绘了天使吹响第四个号角的情形，画面布局与绘制手法都十分高明。欧什大教堂中保留了阿内奥德·德莫尔（Arneaud Demole）的一些杰作；博韦大教堂也保留了很多这一时期的玻璃作品，尤其是昂盖朗（Enguerand）王子创造的画有耶稣家谱的玻璃花窗；其中的头部特写庄严高贵，人物的姿态让人想起阿尔布雷希特·杜勒（Albert Durer）的作品。

　　贵族甚至资产阶级用来装饰宅邸窗户的灰色装饰画，尽管微小，却手法精细，在绘画和排列方面都臻于完美。

16 世纪末，艺术进入衰落期，一众玻璃画师无用武之地，包括了著名的伯纳德·帕利西（Bernard de Palissy）也开始转向了陶艺，最终登峰造极。他的灰色装饰画作品描述了丘比特（Cupid）与普塞克（Psyche）的故事，由拉斐尔设计，为后人所传颂。这些灰色装饰画曾用来装饰帕利西的恩主康斯特布尔·蒙莫朗西（Constable Montmorency）的埃库昂城堡。

文艺复兴的装饰艺术很早便渗透到德国，慢慢深入德国人的心灵，书籍与版画的引入加快了它的传播。很早便掀起了一股离开德国和弗兰德，留学意大利的潮流。在这些赴意深造的艺术家中对国人影响最大的是布鲁日的罗杰、亨斯科克（Hemskerk）以及杜勒。罗杰在意大利度过了大半生，卒于 1464 年。杜勒的版画展现了他深得意大利艺术的精髓，他的风格既倾向于他的导师沃尔格穆特（Wohlgemuth）的哥特风格，也不时靠近马克·安东尼奥（Marc'Antonio）的拉斐尔派的简洁风格。杜勒的版画风格无疑在德国对包括彼得·维斯彻在内的一些人产生很大影响，彼得·维斯彻是首个将意大利的造型艺术引入德国之人。哪怕在德国文艺复兴的鼎盛时期，也没有形成纯粹的艺术风格——德国人更关注高超的手法而非巧妙的构思，很快便走向复杂雕琢的风格；从而涌现出了绳索图样、珠宝图样和复杂的怪兽图案，虽生动却无优雅之感，取代了意大利和法国文艺复兴早期的精美的阿拉伯花纹（请见下页的版画）。

现在不妨让我们从工艺美术转向工业美术，来追溯当代艺术手工业界的复兴。玻璃与陶瓷不变形，流传久，因而最经得起历史的洗涤，P281~284 充分展示了这些作品。大部分作品是从意大利的马约利卡锡釉陶器中遴选出的，我们接着来谈谈其中的一些有趣的陶器及其装饰图案。

釉陶艺术似乎是摩尔人介绍到西班牙和巴利阿里群岛（Balearic Isles）的，摩尔人很早便掌握了这项技术，使用彩色瓦片来装饰建筑。马约利卡锡釉陶器得名于马略卡岛（Majorca），据传是从那里流传到意大利中部的；同时早期的意大利瓷器具有几何图样和撒拉逊风格的三叶饰，更加佐证了这一观点。马约利卡锡釉陶器最早用于彩色凹槽瓦片以及釉彩地面。这种陶器工艺在 1450 年到 1700 年间流行于诺塞拉（Nocera），阿雷佐（Arezzo），卡斯蒂略（Castillo），弗利（Forli），法恩扎（Faenza，法恩扎彩陶由此得名），佛罗伦萨，斯佩罗（Spello），佩鲁贾，德鲁塔（Deruta），博洛尼

图 95 西奥多·德·布里（Theodore de Bry）设计的阿拉伯花纹，他是德国的"小大师"（Petits Maltres）之一，仿意大利作品，但融入了绳索图样、讽刺画和珠宝图样

亚，里米尼（Rimini），费拉拉（Ferrara），佩萨罗（Pesaro），费尔米尼亚诺（Fermignano），杜兰特城堡，古比奥（Gubbio），乌尔比诺（Urbino）和拉韦纳，还有分布在阿布鲁齐（Abruzzi）的一些城镇；但人们公认它最早出名是在佩萨罗。马约利卡锡釉陶器最初的原型被称为"mezza"或"半"马约利卡，通常用来制作厚大的盘子。这些盘子是暗灰色的，背面往往是暗黄色。它们的质地粗糙，有的产品呈现金色和虹彩，但一般的往往是珍珠色。帕塞里（Passeri）等一部分人认为这种半马约利卡产品源自15 世纪；在此之后出现的"精致"的马约利卡锡釉陶器才完全取代了这种半马约利卡产品。

1399 年出生于佛罗伦萨的卢卡·德拉·罗比亚发明了另一种釉陶工艺。据说他混合了锑、锡以及其他金属物质，给他自己塑造的赤陶浅浮雕作品上釉。釉漆的秘密在罗比亚家族中一直保存到 1550 年，直到最后一位家族成员逝世，这一工艺便失传了。佛罗伦萨人试图复兴罗比亚的釉陶工艺但以失败告终，因为制作工艺非常困难。罗比亚的浅浮雕一般是宗教题材，采用明亮的白釉人物造型；配上深色的眼睛以加强效果，同时采用深蓝色背景衬托白色的人物造型。罗比亚的追随者后来加入了自然色彩的花环和水果，其中的一些追随者为人物的衣饰上釉，人物身体部分则没有上釉。帕塞里认为佩萨罗人是在更早的时期就发明了这种彩釉工艺的，继而延续到了 14 世纪。尽管在此之前，人们可能就掌握了上釉的工艺，但是直到 1462 年它才开始闻名于世，当时卡利的马修·兰尔（Matteo di Raniere）和锡耶纳的皮克罗明尼（Ventura di Maestro Simone dei Piccolomini）在佩萨罗展开工艺制造，延续当地的陶艺传统，他们也可能因为罗比亚的釉陶工艺慕名而来，罗比亚曾经受雇于里米尼的锡吉斯蒙·潘道夫·马勒泰斯塔（Sigismond Pandolfo Malatesta）。罗比亚发明的工艺被他本人及其家族视为宝贵的秘密，关于它的具体制作工艺还存在疑问。我们认为，罗比亚工艺的关键在于大量地回火与烧制黏土，而非在于最后的上釉，因为上釉并没有什么创新或保密的必要。

"精致"的马约利卡锡釉陶器和古比奥瓷器追求的是虹彩和晶莹剔透的白釉质感；古比奥瓷器在用铅、银、铜和金混合来打造金属光泽方面独领风骚。当锡在半烧制的过程当中将釉插入，于是便形成了那夺目的白釉色泽；在锡釉风干之前绘上图案，色彩很快被吸收，所以绘画上总能出现差错也不足为奇了。

海牙博物馆中藏有一个早期的佩萨罗陶盘，上面写有"C.H.O.N."的字样。另外庞吉利奥尼（Pungileoni）提到的一个作品中写有"G.A.T."的交织字样。这两种情况都比较罕见，因为陶器的制造者很少在自己的作品上署名。

这些陶器作品的题材一般选取圣经中的圣徒和历史事件；但一般前者居多，直到16世纪，尽管依旧会采用圣经题材，但奥维德和维吉尔的形象逐渐取代了原来的圣经题材。盘子的背面一般会有蓝色的文字简要地说明描绘的主题。到了后期，开始流行描绘历史人物、经典人物和当地人物，并附有这些人物的名字，而圣经题材相较没那么流行了。这些装饰图案都是平面、温和的；很少有光影变化，周围饰有粗犷的撒拉逊图案，与拉斐尔的阿拉伯图案大相径庭。拉斐尔图案在圭多巴尔多（Guidobaldo）统治的末期曾大肆流行。这些饰满彩色浮雕水果图案的盘子可能是借鉴了罗比亚陶器。

圭多巴尔多伯爵的财力锐减，他的后继者对这种工艺也没有那么浓厚的兴趣了，加上东方瓷器进入更多上流阶级的家中，这些因素都导致了马约利卡锡釉陶器工艺的衰落；尽管马约利卡锡釉陶器一般采用历史题材，但是鸟兽、奖杯、花卉、乐器和海兽等装饰图案也逐渐出现，但这些图案的色彩与工艺都逐渐流失，最后被萨德勒（Sadeler）和其他一些弗莱明（Flemings）派艺术家的图案所取代。出于上述原因，马约利卡锡釉陶器迅速没落，尽管枢机主教斯托帕尼（Stoppani）试图复兴这门工艺，但也无济于事。

佩萨罗的"精致"马约利卡作品在圭多巴尔多二世统治期间登峰造极，圭多巴尔多二世的府邸设立在佩萨罗，他本人也极力支持当地陶器的发展。自从当时起，佩萨罗的马约利卡作品便与乌尔比诺的作品难以分辨了，两地作品质地相似，并且同样的一批艺术家也同时在两地从事陶器制造。早在 1486 年，佩萨罗出产的陶器便被视为无出其右，佩萨罗当时的领主下令保护当地作品，不仅任何从异域引入的陶器要遭受罚款没收，并且他下令所有国外引入的瓷器要在入境八日内退还。弗朗西斯科·玛丽亚一世（Francesco Maria I）在 1532 年正式通过了这样的保护政策。佩萨罗的贾科莫·兰弗朗库（Giacomo Lanfranco）发明了古典形制的大号浮雕陶瓶，并在陶瓶中运用了镀金技术，圭多巴尔多二世为了表彰他的功劳，于 1569 年为其颁布了为时 25 年的专利保护政策，任何抄袭者将会遭受 500 银币的罚款。除此之外，兰弗朗库及其父亲可免去所有税费。

马约利卡陶器种类丰富，样式新颖，意大利的公爵们喜欢用它作为礼物赠予外国君主。1478 年，科斯坦萨·斯福尔扎（Costanza Sforza）赠予教皇西克斯图斯四世（Sixtus IV）一个特制的陶瓶（"vasa fictilia"），洛伦佐·美第奇（Lorenzo the Magnificent）在写给罗伯特·玛拉提斯塔（Robert Malatista）的书信中提到，他也以类似的陶器作为答谢。圭多巴尔多公爵将一个由奥拉齐奥·丰塔纳（Orazio Fontana）设计，塔迪奥·祖卡罗（Taddeo Zuccaro）绘制的陶器作品赠予了西班牙的腓力二世。他也赠予了查理五世一对一样的陶器。弗朗西斯科·玛丽亚二世将一对陶罐赠给了洛雷托（Loreto）的国库，这对作品是圭多巴尔多二世下令在其皇家瓷窑中制作的；其中的一些饰有肖像，或是其他场景，所有的陶器都标有某种或几种药名的标签。这些陶罐采用蓝色、绿色和黄色；其中的 380 件作品依旧保存在洛雷托国库里。帕塞里根据陶艺工匠使用的陶盘装饰色彩的术语，以及工匠们所得的报酬，对装饰陶器进行了有趣的分类。皮克帕索（Piccolpasso）曾留有一份介绍 16 世纪中期马约利卡作品的手稿，帕塞里从中提炼出有趣的要点；为了理解这些要点，要说明的是，博洛尼亚银币（bolognino）相当于 ⅑paul，gros 相当于 ⅓paul（1paul 等于 51/8 便士）；1 里弗尔（livre）相当于 ⅓ 小埃居（petit ecu），弗罗林（florin）相当于 ⅔ 小埃居，1 小埃居相当于 ⅔ 的罗马克朗（现在价值是 4 先令，3 便士，1 法寻［farthing］）。

奖杯图案——这种风格的装饰包括了古典与现代的盔甲、乐器、数学仪器以及展开的书籍；它们一般是在蓝色背景上绘以黄色的浮雕宝石。这些作品一般在原产地（杜兰特中部）出售，制造这种图案的工匠可以获得每 100 件 1 个小埃居克朗的报酬。这种风格受到了 16 世纪大理石雕和石雕作品的影响：帕维亚的卡尔特修道院中的吉安·加莱亚佐·韦康蒂（Gian Galeazzo Visconti）纪念碑，以及热内亚的部分大门装饰便是证明。

阿拉伯花纹指的是松散地系在一起的花押字、绳结和花束。这样的装饰作品会送往威尼斯与热内亚，每 100 件这样的作品工匠获得的报酬为 1 弗罗林。

橡树图案（Cerquate）是橡树枝交织图案的名称，一般在蓝色背景绘有深黄色图案，它被称为"乌尔比诺绘画"，因为橡树是乌尔比诺公国武器上的标志。这种装饰的报酬为 100 件 15gros；此外，如果作品的底部也有装饰并附有故事介绍，艺术家可额外获得 1 小埃居。

怪诞图案（Grotesques）指的是带双翼的男女怪兽交织图案，他们的身体末端为叶饰或枝条。这些奇异的装饰一般是在蓝色背景上饰以白色浮雕珠宝；这种装饰的报酬为 100 件 2 小埃居，如果是威尼斯委任的作品的话，报酬则为 8 里弗尔。

叶饰——这种装饰指的是带有叶片的小树枝，点缀在背景里。报酬为 3 里弗尔。

花朵与水果图案——这些图案的作品通常送往威尼斯，艺术家的报酬是每 100 件 5 里弗尔。这种风格的另一个变体包括了三四个大叶片，背景与图案不同色。报酬为每 100 件半弗罗林。

陶瓷图案指的是那些优雅的带有微小叶片与花苞的白底蓝花图案。这种作品的报酬为每 100 件 2 里弗尔或更多。这种图案很可能是模仿了葡萄牙的进口产品。

绳结图案（Tratti）指的是以不同方式打成绳结的宽饰带作品，上面饰有小的枝条。报酬为每 100 件 2 里弗尔。

白瓷图案（Soprabianco）指的是白铅背景上的白色图案，配有绿色或蓝色边框。报酬为每 100 件半小埃居。

分块图案（Quartieri）——这种样式的图案，艺术家将盘底从圆心到圆周分为 6 束或 8 束，每块的颜色都不同，上面绘有不同色调的花束。这种装饰的报酬是每 100 件 2 里弗尔。

组块图案（Gruppi）——这种图案指的是宽饰带与小花朵交织的图案。这种图案比绳结图案要大，有时在图案中央嵌有小图片，这种情况下，艺术家的报酬为半小埃居，但若不包括图片，报酬为2jules。

枝状图案（Candelabri）——这种装饰指的是从表面的一端延伸至另一端的直立的花束图案，每侧还点缀着叶片与花朵。这种图案的报酬是每100件2弗罗林。旁边的木雕展示了这种装饰是16世纪最早受艺术家喜爱而流行起来的图案。

我们就不再详细介绍一些艺术家擅长的部分和他们的作品了，例如大师乔治·安德烈利（Maestro Giorgio Andreoli），奥拉齐奥·丰塔纳（Orazio Fontana），以及罗维戈的弗朗西斯·桑托（Francesco Xanto），因为罗宾逊先生已经在他最近出版的《灵魂收藏目录》中针对与此相关的一些难题给出了新颖且非常有趣的观点。通过弗朗索瓦一世的御用陶艺大师伯纳德·帕利西孜孜不倦的努力，法国陶瓷的设计与实践产生了颇有意味的变化。彩图17-95和17-97是帕利西的一些优雅的作品，帕利西的瓷器设计对法国文艺复兴时期的其他纪念碑的影响，正如早期马约利卡锡釉陶器对于意大利文艺复兴时期的纪念碑的影响一样。在路易十二世治下时期，位高权重的枢机主教昂布瓦斯大举支持艺术发展，法国的珠宝设计出现了文艺复兴风格，而直到弗朗索瓦一世邀请文艺复兴大师切立尼来访法国后，珠宝艺术才大放光彩。为了悉心鉴赏这些奇珍异宝的状况与特质，有必要快速地介绍一下这一派珐琅艺术家的主要特征，他们在15世纪和16世纪打造出了诸多别具一格的图案，这些图案被运用到了金属装饰作品中。

14世纪末期，利摩日的艺术家认为古老的内填珐琅（champlevé）已经完全过时，金银匠们从意大利进口晶莹的珐琅产品或自己动手制造，自己制造出的产品也因个人技艺高低而异。这些古老的内填珐琅在彩图17-33，17-34，17-35，

图96 宫殿门廊的部分基座，热内亚人赠予了安德烈·多林（Andrea Dorin）

图97 热内亚宫殿门廊的部分壁柱，热内亚人赠予了安德烈·多林

图98 热内亚宫殿门廊的部分壁柱，热内亚人赠予了安德烈·多林

17-39，17-55，17-72，17-73，17-82，17-85，17-89，17-93
中展示出来了。在这种情况下，这些珐琅艺术家不再彼此竞争，
他们发明了一种本来只属于珐琅艺术的新工艺，金银匠完全不
需要刻刀也能打造出美丽的作品。最初的一些作品非常粗糙，
留存下来的很少；但这种技艺慢慢延续，直到 15 世纪中期才
发现了在数量和质量上都具有一定水平的作品。这种工艺的流
程如下：在没有抛光的铜板上用尖笔打出草稿，之后涂上薄薄
的一层透明釉彩。艺术家接着将草稿的线条用黑色加粗，在空
白处涂以不同的颜色，大部分为透明的，黑线相当于掐丝珐琅
（cloissonne）中的金线。粉红色是最困难的部分，工匠们先以
黑色做底色，之后用半透明的白色将其调成亮色调和半亮色调，
偶尔也带有几许透明的亮红色。最后的一道工序是镀金，之后
将奇珍异石镶嵌上去。这些奇珍异石是拜占庭流派遗留之风，
曾经在阿基坦地区影响深远。

图 99 小壁柱下半部分蜿蜒
伸展的涡旋形饰，伦巴第派艺
术家，奇迹圣母堂，威尼斯

最后的成品十分类似于大块的粗糙的透明搪瓷——这可能
是故意为之的，因为后者的尺寸一般都很小，这样才刚好能取
代小幅三联画中象牙的位置，在中世纪时期这种小幅三联画是
贵族们的卧房与祷告堂中不可或缺的装饰品。因而我们发现，几乎所有的早期彩色珐琅
瓷器都是三联式、双折式或三联画的一部分；其中的很多作品还保留了原有的粗糙的黄
铜框架，考古学家从铜框上面的名字缩写认出它们出自蒙维尼（Monvearni）的工作坊。
除了蒙维尼和 P.E. 尼古拉特（P.E.Nicholat，正确的拼写应该是佩尼考德 Penicaud）之外，
其他的艺术家则遵循中世纪的习惯，不在作品上留名，因此他们的名字已经被历史的尘
埃淹埋了。

16 世纪初文艺复兴运动蓬勃发展；其中的一项重要变化便是"黑白画"（camaieu）
或"灰色装饰画"（grisaille）的流行。利摩日派的工作坊就接受了这一潮流，产生了
所谓的第二代彩色珐琅瓷器。第二代珐琅瓷器的工艺流程与早期的粉红色作品十分相似，
首先要在一整面铜板上涂上黑釉，之后以不透明的白色制造出亮色调和半亮色调；需要

上色的脸部和叶饰也涂上相宜的色调———一般用金色来完成最后的润饰；偶尔会在黑色背景上添加称作"pallion"的薄薄的金叶或银叶，最后再上一层釉。从弗朗索瓦一世和亨利二世的两幅肖像中便可一窥整个工艺流程，这两幅画像是莱奥纳多利穆赞（Léonard Limousin）为了圣礼拜堂而绘制的，现藏于卢浮宫。利摩日繁荣的艺术发展离不开弗朗索瓦一世的洪恩，他不仅在城中建立了瓷器工厂，同时授予工厂负责的"皇家御用陶瓷艺术家"莱奥纳多"利穆赞"的称号，将他与当时更著名的莱奥纳多·达·芬奇区别开来。诚然，利穆赞绝非平庸的艺术家，无论是他模仿早期德国与意大利大师的作品，还是他为当时的贵族绘制的肖像都充分说明了这一点。他曾为吉斯（Guise）公爵、蒙莫朗西元帅（Constable Montmorency）和凯瑟琳·美第奇（Catherine de Medicis）等贵族画过肖像，我们要记住的是，他所采用的是艺术中最难驾驭的材料。莱奥纳多的作品从1532年跨越到1574年，同期也涌现了一大批水平与莱奥纳多不相上下的珐琅艺术家。这些艺术家中值得一提的包括了皮尔·雷蒙德（Pierre Raymond）、佩尼考德、库尔泰家族（Courteys）、让考特和苏珊娜考特（Jean and Susanna Court）以及M.D. 佩普（M.D. Pape）。库尔泰家族中的长子皮尔不仅是优秀的艺术家，同时也因为给马德里城堡制作了最大尺寸的巨幅珐琅作品而闻名（其中的9块被保存在库鲁尼酒店博物馆中——据拉巴尔称其他3块保存在英格兰）。弗朗索瓦一世与亨利二世斥重金兴建马德里城堡。我们可以发现，利摩日晚期的珐琅并不像之前那样只忠实于描绘宗教题材；相反，最著名的艺术家也会参与设计花瓶、珠宝盒、水盆、水罐、杯子、托盘等日常用品，之后涂上黑釉，最后用不透明的白釉饰以圆浮雕。在这种工艺流行之初，大部分的釉画题材来自德国艺术家的印刷画，例如马丁·舍恩（Martin Schoen）和以色雷尔·梅肯（Israel van Mecken）。之后这些题材被马克·安东尼奥·莱蒙蒂（Marc'Antonio Raimondi）等其他意大利艺术家取代了，到了16世纪中期，这些作品又让位给弗吉尔斯·索利亚（Virgilius Solia）、西奥多·德·布里、艾蒂安·奥恩（Etienne DE L'Aulne）等其他的"小大师"。

彩色釉画在15世纪、16世纪和17世纪的利摩日十分流行，这股热潮延续到18世纪才逐渐消退。最后一批艺术家包括了努埃勒（Nouailler）家族和劳丁（Laudin）家族，他们的代表作中并没有金叶或银叶的元素，画作风格不太稳定。

综上，我们鼓励艺术从事者推出佳作，避免文艺复兴时期过分雕琢的风格。当艺术同政治一样赋予人庞大的自由，然而也伴随着庞大的责任。很多风格的作品需要艺术家把持自己的想象力，不能由其脱缰而去。图案可以丰富变化，但构图要讲求端正得当，不能过分雕砌或过分简陋。如果没有特别要表现的主题，那么专注于花卉图案和程式化的图案就足够丰富了，让观者静享装饰之美而不去揣度背后的用意；若艺术家希望通过相对更直接的再现形式让观者专注于眼前之物，那么艺术家要保证真的达到这样的目的。文艺复兴的艺术风格往往触类旁通，需要同时通晓多种艺术类别，艺术家既不能失去整体的把握，也不能疏忽术业有专攻的道理。要让每门艺术有序地统一在一个大家庭里，让不同艺术类别和谐地融会在一起，但它们之间不能互为主次，或僭越了不同艺术类别的界限。在高度发达的社会系统中，保持各门艺术的秩序规则，这些风格才能幻化出最高贵、丰富且恰如其分的表达形式，正如在文艺复兴时期，建筑、绘画、雕塑以及最高技艺水平的制造工艺一定要在融为一体的前提下，彰显出各自独特的神采。

M. 迪格·怀亚特

彩图 17-2

彩图 17-4

彩图 17-1

彩图 17-3

彩图 17-5

彩图 17-1
奇迹圣母堂（Santa Maria dei Miraco-li）的浅浮雕，威尼斯

彩图 17-2
圣马可大会堂（Scuola di San Marco）的浅浮雕，威尼斯

彩图 17-3
圣米歇尔教堂的浅浮雕，威尼斯，穆拉诺岛

彩图 17-4
圣米歇尔教堂的浅浮雕，威尼斯，穆拉诺岛

彩图 17-5
奇迹圣母堂（Santa Maria dei Miracoli）的浅浮雕，威尼斯

彩图 17-6

彩图 17-2 上部分的浅浮雕

彩图 17-7
奇迹圣母堂（Santa Maria dei Miracoli）的浅浮雕，威尼斯

彩图 17-8
巨人阶梯（Scala dei Giganti）的浅浮雕，威尼斯

彩图 17-9
巨人阶梯（Scala dei Giganti）的浅浮雕，威尼斯

彩图 17-6

彩图 17-7

彩图 17-8

彩图 17-9

272

彩图 17-10

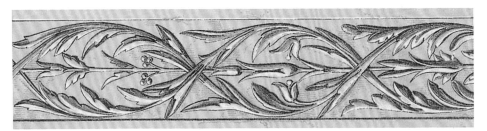

彩图 17-11

彩图 17-12

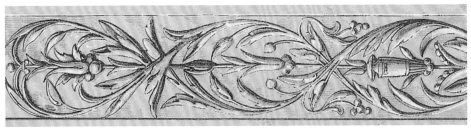

彩图 17-13

彩图 17-14

彩图 17-10
洛伦佐·吉贝尔蒂
（Ghiberti）设计的
第一道洗礼堂大门，
佛罗伦萨

彩图 17-11
瓦尼（Varny）教授负
责下的一系列石膏翻
版，取自热那亚

彩图 17-12~14
取自热那亚

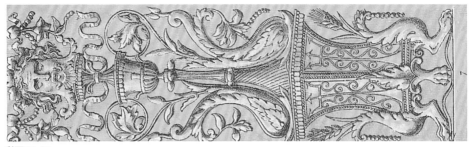

彩图 17-15

彩图 17-16

彩图 17-15
取自圣若望及保禄
大 殿（Basilica di
San Giovanni e Pao-
lo），威尼斯

彩图 17-17
瓦尼（Varny）教授负
责下的一系列石膏翻
版，取自热那亚

彩图 17-18
取自热那亚

彩图 17-19
取自威尼斯

彩图 17-20
取自热那亚

彩图 17-21
取自波瑟罗德酒店
（Hotel Bourgther-
oulde），鲁昂

彩图 17-17

彩图 17-18

彩图 17-19

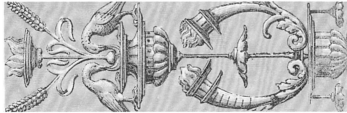

彩图 17-20

彩图 17-21

彩图 17-22

彩图 17-23

彩图 17-22
热那亚的 16 世纪装饰
艺术精选系列的浅浮
雕，在瓦尼教授负责
下的石膏翻版

彩图 17-23
奇迹圣母堂的浅浮雕，
威尼斯

彩图 17-24
热那亚的浅浮雕

彩图 17-25
热那亚的浅浮雕

彩图 17-24

彩图 17-25

彩图 17-26
热那亚的浅浮雕

彩图 17-27
马蒂恩格坟墓的浅浮
雕，布雷西亚

彩图 17-28
热那亚的浅浮雕

彩图 17-29
热尔曼·皮隆（Germain
Pilon）创作的《美惠
三女神》底座的浅浮
雕，藏于卢浮宫

彩图 17-30
安德烈·桑索维诺
（Andrea Sansovi-
no）设计的浅浮雕，
取自波波洛圣母堂，
罗马

彩图 17-31
波瑟罗德酒店的浅浮
雕，鲁昂

彩图 17-26 　　彩图 17-27 　　　　　　彩图 17-28 　　彩图 17-29

彩图 17-30

彩图 17-31

彩图 17-32，33，34

彩图 17-35

彩图 17-36，37，38，39

彩图 17-40

彩图 17-41，42，43

彩图 17-44，45

彩图 17-46，47，48

彩图 17-49，50，51，52

彩图 17-53，54

彩图 17-55，56

彩图 17-57，58，59

彩图 17-60，61

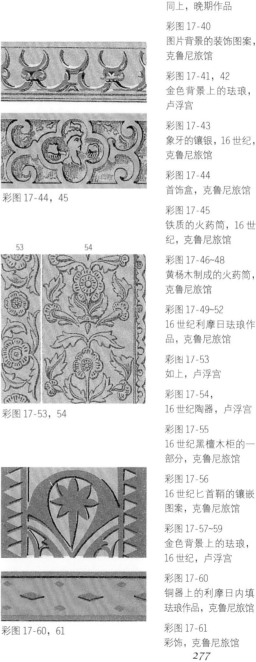

彩图 17-32~34
铜器上的釉彩装饰图案，早期利摩日（Limoges）内填珐琅（Champleve）工艺风格，取自克鲁尼（Cluny）酒店博物馆，巴黎

彩图 17-35
同上，晚期作品

彩图 17-36~39
同上，晚期作品

彩图 17-40
图片背景的装饰图案，克鲁尼旅馆

彩图 17-41，42
金色背景上的珐琅，卢浮宫

彩图 17-43
象牙的镶银，16世纪，克鲁尼旅馆

彩图 17-44
首饰盒，克鲁尼旅馆

彩图 17-45
铁质的火药筒，16世纪，克鲁尼旅馆

彩图 17-46~48
黄杨木制成的火药筒，克鲁尼旅馆

彩图 17-49~52
16世纪利摩日珐琅作品，克鲁尼旅馆

彩图 17-53
如上，卢浮宫

彩图 17-54，
16世纪陶器，卢浮宫

彩图 17-55
16世纪黑檀木柜的一部分，克鲁尼旅馆

彩图 17-56
16世纪匕首鞘的镶嵌图案，克鲁尼旅馆

彩图 17-57~59
金色背景上的珐琅，16世纪，卢浮宫

彩图 17-60
铜器上的利摩日内填珐琅作品，克鲁尼旅馆

彩图 17-61
彩饰，克鲁尼旅馆

彩图 17-62
取自亨利三世的盔甲，
卢浮宫

彩图 17-63~65
16 世纪的金匠作品，
卢浮宫

彩图 17-66~68
金属作品，卢浮宫

彩图 17-69
弗朗索瓦（Francois）
二世的盔甲，卢浮宫

彩图 17-70~72
铜器上的凸纹图案，
克鲁尼旅馆

彩图 17-73，74
利摩日的内填珐琅，
克鲁尼旅馆

彩图 17-75
金属盘子，克鲁尼旅馆

彩图 17-76，77
利摩日彩色珐琅的图
片，16 世纪，克鲁尼
旅馆

彩图 17-78，79
铜器上的装饰图案，
如上

彩图 17-80
彩绘装饰图案，如上

彩图 17-81~83
利摩日内填珐琅，如上

彩图 17-84
利摩日内填珐琅，如上

彩图 17-85
取自绘画配饰，如上

彩图 17-86，87
取自绘画配饰，如上

彩图 17-88~92
利摩日内填珐琅

彩图 17-62

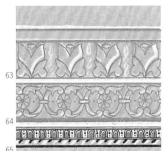

彩图 17-63, 64, 65

彩图 17-66, 67, 68

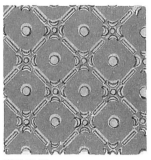

彩图 17-69

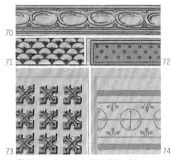

彩图 17-70, 71, 72, 73, 74

彩图 17-75

彩图 17-76, 77

彩图 17-78, 79, 80

彩图 17-81, 82, 83

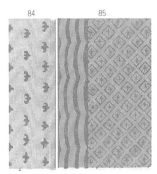

彩图 17-84, 85

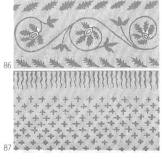

彩图 17-86, 87

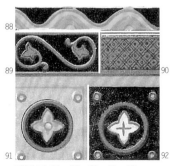

彩图 17-88, 89, 90, 91, 92

彩图 17-93
取自西班牙、阿拉
伯、卡斯蒂利亚、法
国和意大利的陶器的
装饰作品，藏于马尔
伯勒宫，主要来自15
和16世纪的佩萨罗
（Pesaro），古比奥
（Gubbio），乌尔比
诺（Urbino），杜兰
特城堡等其他意大利
的城镇

彩图 17-93

彩图 17-94~96
釉瓷（faience）装饰
图案，伯纳德·帕利西
创作，克鲁尼旅馆

彩图 17-97，98~103
马约利卡锡釉陶器
（Majolica），克鲁
尼旅馆

彩图 17-104~106
15 世纪釉瓷装饰，克
鲁尼旅馆

彩图 17-107~111
16 世纪釉瓷装饰，卢
浮宫

彩图 17-112，113
17 世纪瓷器，卢浮宫

彩图 17-114
16 世纪釉瓷装饰，卢
浮宫

彩图 17-115~123
来自法国、西班牙和
意大利的陶器，克鲁
尼旅馆

彩图 17-124~125
德国釉彩陶器，16 世
纪，克鲁尼旅馆

彩图 17-126
来自法国、西班牙和
意大利的陶器，克鲁
尼旅馆

彩图 17-127
来自卢浮宫

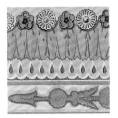
彩图 17-94

彩图 17-95

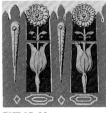
彩图 17-96

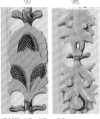
彩图 17-97，98

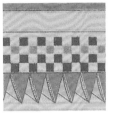
彩图 17-99

彩图 17-100

彩图 17-101

彩图 17-102，103

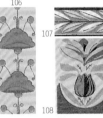
彩图 17-104，105，106

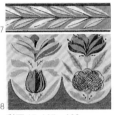
彩图 17-107，108

彩图 17-109

彩图 17-110

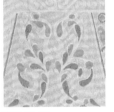
彩图 17-111

彩图 17-112

彩图 17-113

彩图 17-114

彩图 17-115

彩图 17-116，117

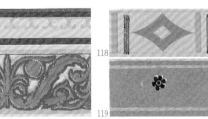
彩图 17-118，119

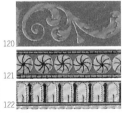
彩图 17-120，121，122

彩图 17-123

彩图 17-124，125

彩图 17-126

彩图 17-127

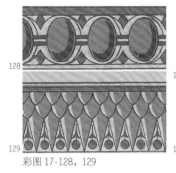

128

129

彩图 17-128，129

130

131

彩图 17-130，131

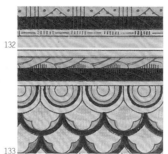

132

133

彩图 17-132，133

彩图 17-128~150 的图案皆取自巴黎克鲁尼旅馆博物馆。

彩图 17-128，129
釉瓷装饰图案

彩图 17-130~137
16 世纪釉瓷装饰图案

彩图 17-138，139
金属光泽的釉瓷图案

彩图 17-140
16 世纪威尼斯玻璃制的花瓶

彩图 17-141~148
16 世纪釉瓷装饰图案

彩图 17-159，150
早期釉瓷装饰

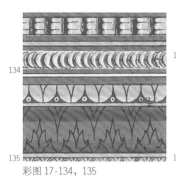

134

135

彩图 17-134，135

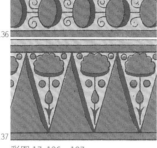

136

137

彩图 17-136，137

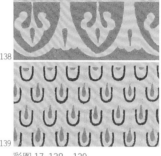

138

139

彩图 17-138，139

彩图 17-140

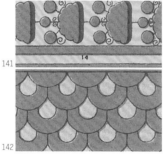

141

142

彩图 17-141，142

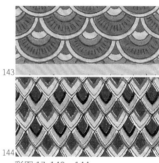

143

144

彩图 17-143，144

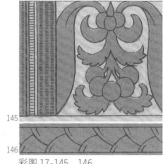

145

146

彩图 17-145，146

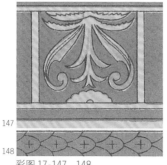

147

148

彩图 17-147，148

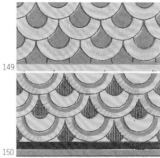

149

150

彩图 17-149，150

彩图 17-151~169 上的
图案皆取自巴黎克鲁
尼旅馆博物馆

彩图 17-151~154
佛兰芒石器（Gres
Flamand）或陶器

彩图 17-155~159
16 世纪釉彩装饰

彩图 17-160
17 世纪雕花木板

彩图 17-161~165
釉陶

彩图 17-166~169
丝绒上的丝绸刺绣

151

152

彩图 17-151，152

153

154

彩图 17-153，154

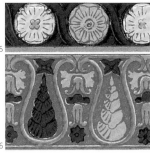

155

156

彩图 17-155，156

彩图 17-157

158

159

彩图 17-158，159

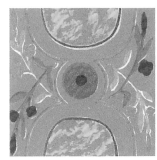

彩图 17-160

161

162

163

彩图 17-161，162，163

164

165

彩图 17-164，165

彩图 17-166

彩图 17-167

彩图 17-168

彩图 17-169

彩图 17-170

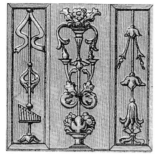

彩图 17-171

彩图 17-172

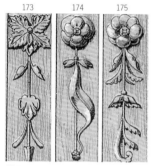

彩图 17-173, 174, 175

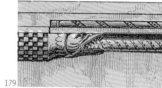

彩图 17-176, 177

彩图 17-178, 179

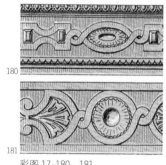

彩图 17-180, 181

彩图 17-182

彩图 17-183, 184, 185

彩图 17-186

彩图 17-187, 188

彩图 17-189, 190

彩图 17-170
橱柜的木刻图案，
1554 年，克鲁尼旅馆

彩图 17-171
16 世纪木板，克鲁尼
旅馆

彩图 17-172
橡木椅背，克鲁尼旅馆

彩图 17-173~175
15 世纪雕木家具，克
鲁尼旅馆

彩图 17-176~178
家具，克鲁尼旅馆

彩图 17-179
15 世纪末的横梁尾
端，克鲁尼旅馆

彩图 17-180
家具，克鲁尼旅馆

彩图 17-181~182
16 世纪家具，克鲁尼
旅馆

彩图 17-183, 184
15 世纪家具，克鲁尼
旅馆

彩图 17-185
橱柜图案，克鲁尼旅馆

彩图 17-186
15 世纪末百叶窗板，
克鲁尼旅馆

彩图 17-187
雕刻装饰图案，卢浮宫

彩图 17-188
黄杨木梳，克鲁尼旅馆

彩图 17-189, 190
16 世纪家具，克鲁尼
旅馆

彩图 17-191
石栏杆，阿内城堡（Ch·teau d'Anet）

彩图 17-192
石雕，卢浮宫

彩图 17-193
取自壁炉架，克鲁尼旅馆

彩图 17-194，195
家具，克鲁尼旅馆

彩图 17-196~299
盖伦（Gaillon）城堡喷泉的大理石雕刻图案，现在卢浮宫

彩图 17-200，201
17 世纪石雕图案，卢浮宫

彩图 17-202
木雕图案，克鲁尼旅馆

彩图 17-203，204
取自盖伦城堡喷泉，卢浮宫

彩图 17-205
家具，克鲁尼旅馆

彩图 17-206
16 世纪家具，克鲁尼旅馆

彩图 17-207
家具，克鲁尼旅馆

彩图 17-208
16 世纪的火绳钩枪的托柄，克鲁尼旅馆

彩图 17-209
16 世纪家具，克鲁尼旅馆

彩图 17-191

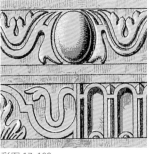

彩图 17-192

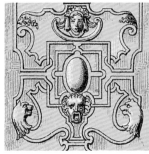

彩图 17-193

194 195

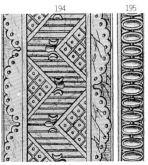

彩图 17-194，195

彩图 17-196

197 198

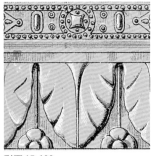

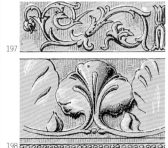

彩图 17-197，198

彩图 17-199

200 201

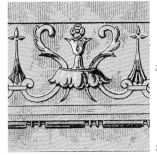

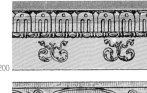

彩图 17-200，201

彩图 17-202

203 204

彩图 17-203，204

205 206

彩图 17-205，206

207 208 209

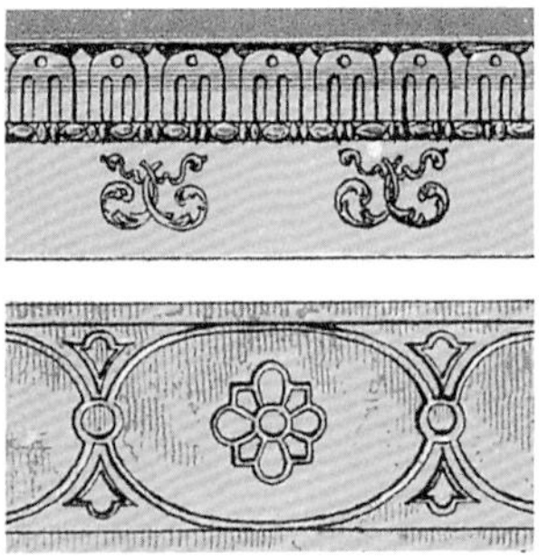

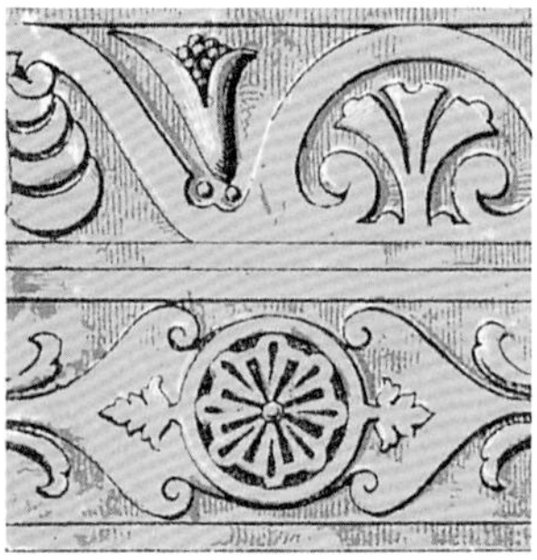

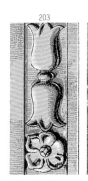

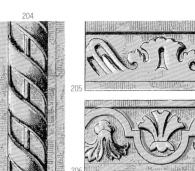

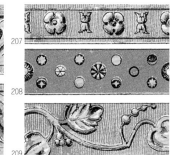

彩图 17-207，208，209

彩图 17-210

彩图 17-211

彩图 17-212

彩图 17-210~218
雕刻装饰图案，16 世纪橡木家具，克鲁尼旅馆

彩图 17-219，220
弗朗索瓦一世的寝床，克鲁尼旅馆

彩图 17-221~223
16 世纪的橡木家具，克鲁尼旅馆

彩图 17-224，225
15 世纪橱柜图案

彩图 17-213

彩图 17-214

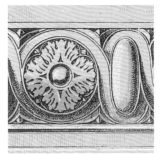

彩图 17-215

216

21/

彩图 17-216，217

彩图 17-218

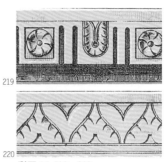

219

220

彩图 17-219，220

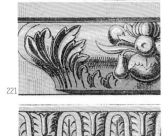

221

222

彩图 17-221，222

223

224

彩图 17-223，224

彩图 17-225

285

彩图 17-228
15 世纪橱柜图案

彩图 17-227
橡木橱柜图案，1524
年，克鲁尼旅馆

彩图 17-228
弗朗索瓦一世的寝床，
克鲁尼旅馆

彩图 17-229~238
16 世纪家具，克鲁尼
旅馆

彩图 17-239，240
15 世纪末百叶窗板，
克鲁尼旅馆

彩图 17-241，242
16 世纪的橡木家具，
克鲁尼旅馆

彩图 17-243
弗朗索瓦一世的寝床，
克鲁尼旅馆

彩图 17-226

彩图 17-227

彩图 17-228

彩图 17-229

彩图 17-230，231

彩图 17-232，233

彩图 17-234

彩图 17-235，236

彩图 17-237，238

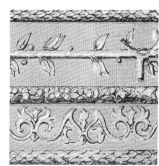

彩图 17-239，240

彩图 17-241，242

彩图 17-243

286

第十八章　伊丽莎白时期装饰图案

　　在描述所谓伊丽莎白风格的特征之前，我们先来简要追溯一下 16 世纪时英国古典主义是如何复兴发展并取代晚期哥特风格的。英国的古典复兴运动始于 1518 年，当时托里贾诺（Torrigiano）被亨利八世雇用，设计了亨利七世纪念碑，如今这个纪念碑还矗立在威斯敏斯特修道院中，它是当时纯粹的意大利风格代表作。威斯敏斯特的里士满伯爵夫人（Countess of Richmond）纪念碑是同时期的另一意大利风格作品，设计师也是托里贾诺，不久之后他离开英国去往西班牙，剩下几位继续为亨利八世效劳的意大利艺术家，他们将这一风格的作品继续在英国传播。他们当中我们所知道的包括了身为建筑师和工程师的吉罗拉莫·特拉维吉（Girolamo da Trevigi）、画家巴洛缪奥·彭尼（Bartollomeo Penni）、画家安东尼·托托（Antony Toto），以及著名的佛罗伦萨雕塑家贝内代托·诺文扎诺（Benedetto da Rovezzano），还有后期的帕多瓦的约翰，他比其他人得到更多重用，在 1549 年设计了老萨默塞特宫。但英国新风格的发展并非只有意大利风格的推动；我们发现国王的御用画家还包括了来自根特的杰拉德·洪班德（Gerard Hornebande）或洪宝特（Horebout）、卢卡斯·科内利斯（Lucas Cornelis）、约翰·布朗（John Brown）和安德鲁·赖特（Andrew Wrigtht）。1524 年，著名的霍尔拜因（Holbein）走访英国，他和帕多瓦的约翰是促进新风格在英格兰归化的两位功臣，前者是天才型艺术家，具有德国教育背景，而后者将当地传统与古典风格融会贯通，恢复了早期威尼斯流派风格的作品，并大刀阔斧地进行了改变。霍尔拜因于 1554 年去世，帕多瓦的约翰继续在 1570 年设计了朗利特（Longleat）的贵族府邸。1553 年在爱德华六世的葬礼游行中有这样一份名单（Archaeol vol xii，1796），包括了安东尼·托托（上面提到的）、画家尼古拉斯·里扎德（Nicholas Lyzarde）、雕刻家尼古拉斯·莫德纳（Nicholas Modena），其他的石匠大师均为英国人。在后来伊丽莎白时期，我们只发现了两个意大利人的名字，一个是费德里戈·苏塞切罗（Federigo Zucchero）（他在佛罗伦萨的宅邸据称是他自己设计的，证明了英国建筑风格对他的影响，而不是反过来），另一位是书籍插画画家皮特罗·乌伯蒂尼（Pietro Ubaldini）。

真正的伊丽莎白风格是在一大批荷兰艺术家的努力下发展起来的：画家们包括了根特的卢卡斯·赫雷（Lucas de Heere），豪达（Gouda）的科尼利斯·凯特尔（Cornelius Ketel），布鲁日（Bruges）的马克·加拉德（Marc Garrard），哈勒姆（Haarlem）的 H.C. 弗鲁姆（H.C Vroom）；荷兰人理查德·史蒂文森斯（Richard Stevens）设计了萨福克（Suffolk）的伯勒姆教堂中的萨塞克斯（Sussex）纪念碑；克利夫斯（Cleves）的建筑师西奥多·哈维斯（Theodore Haveus）设计了剑桥大学凯斯学院的四扇大门，分别为谦卑门、道德门、荣誉门和智慧门，同时他也在 1573 年设计了凯斯博士纪念碑。除了这些艺术家以外，我们发现了一大批英国本土艺术家的名字，最著名的包括了建筑家罗伯特和伯纳德亚当斯（Robert and Bernard Adams）、史密森家族（Smithsons）、布拉德肖（Bradshaw），哈里森（Harrison）、霍尔特（Holte）、索普（Shute）和舒特（舒特于 1563 年撰写了关于英国建筑的首部科学著作），金匠及珠宝设计师的希利亚德（Hilliard），以及肖像画家艾萨克·奥利弗（Issac Oliver）。大部分上述的艺术家都在 17 世纪初期受聘进行创作，当时亨利·沃顿（Henry Wooton）爵士出版了《建筑要素》一书，新风格继续拓展壮大。荷兰人伯纳德·詹森（Bernard Jansen）和贾里德·克里斯莫斯（Gerard Chrismas）在詹姆斯一世和查理一世时期深受欢迎，他们共同设计了斯特兰德（Strand）大街上的诺森伯兰别墅（Northumberland House）的正面。

1619 年，在詹姆斯一世统治接近尾声之际，标志了伊丽莎白艺术风格走向终结的事件是因戈·琼斯（Inigo Jones）重建白厅，这一建筑工程丝毫没有透露出艺术改革的气息。在此之前，霍拉蒂奥·帕拉维奇尼爵士（Sir Horatio Pallavicini）就在剑桥郡的小谢尔福德建立府邸，引入了 16 世纪的帕拉迪奥（Palladian）风格；尽管身为建筑师和雕塑家的尼古拉斯·斯通（Nicholas Stone）和他的儿子延续了旧日的伊丽莎白风格，尤其是陵墓纪念碑方面，但它很快就被意大利流派中虽没那么华丽，但更纯粹的意大利风格所取代。

托里贾诺于 1519 年完成了在威斯敏斯特的作品，因戈琼斯于 1619 年主持重修白厅，这一个世纪里的大部分作品我们都可称之为伊丽莎白风格。

在后来的艺术家名单中，我们发现其中掺杂了意大利人、荷兰人和英格兰人的名字。

在第一时期，或者说亨利八世统治时期，占据主导的是意大利人，当然霍尔拜因也被纳入这些人之列，因为他的金属装饰作品，比如为简·西摩（Jane Seymour）设计的酒杯，还有或许为国王设计的匕首和长剑，都展现了仿佛出自切利尼之手的纯粹与优雅。尽管他为亨利八世及其王族绘制的大型阿拉伯式肖像怪诞而厚重，但仍旧采用了 16 世纪意大利艺术手法，这些作品展示在汉普顿宫中。霍尔拜因还在 1540 年设计了圣詹姆斯宫的皇家礼拜堂的天顶，带有浓厚的威尼斯和曼图亚的富丽风格。[15]

伊丽莎白统治时期涌现了一大批荷兰艺术家的名字，因为英国与荷兰无论在政治上还是宗教上都有着密不可分的关系。尽管我们只提到了画家，但要记得的是，当时各门艺术之间是互通的，画家常被聘用设计绘画、雕刻，甚至建筑的装饰图案；在他们自己的画作中也时常附有不同的装饰设计，例如卢卡斯·赫雷创作的玛丽女王肖像中就发现了几何交织图形镶板，同时布满了宝石叶饰。我们可以得出，在伊丽莎白女王统治初期，英国艺术深受信奉新教的低地国家以及德国[16]的影响。

海德堡城堡便是建于这一时期（1556—1559）。说它的修建影响了英国艺术也不无可能，因为詹姆斯一世的女儿伊丽莎白公主作为波西米亚的王后曾在这里修建府邸。

在伊丽莎白统治后期和詹姆斯一世统治时期，涌现了大量的英国艺术家，詹森和克里斯莫斯除外，剩下的艺术家都拥有自己的一片天地；也正是在这一时期，我们看到英国诞生了本土的流派。实际上，我们现在才将这些建筑（及其装饰）与英国设计师的名字联系到了一起，例如奥德利·恩德（Audley End）庄园、荷兰屋、沃兰顿府邸、诺尔（Knowle）府邸和伯利（Burleigh）府邸。

亨利八世统治时期的很多艺术家的作品可以说是纯粹的意大利装饰风格；这不仅体现在我们提到的例子中，彩图 18-1，18-4 也体现了这一点。伊丽莎白统治时期的作品丝毫没有模仿意大利的痕迹，而是完全采用了德国和荷兰装饰艺术家的风格。詹姆斯一世统治时期，英国艺术家延续了这种风格，并将其推广得更宽泛了，例如彩图 18-22，18-26，它们取自詹姆斯一世统治后期修建的阿斯顿府邸。这一时期的装饰图案很

---

〔15〕　据说在伊丽莎白时期，洛马佐［Lomazzo］和洛米［De Lorme］的作品就被翻译为英文了，但我从未见过。

〔16〕　威斯敏斯特的弗朗西斯·维尔爵士纪念碑几乎和布莱达［Breda］教堂里的纳桑［Nassau］的恩格伯特［Englebert］纪念碑一模一样。

难说有任何原创的气息，仅仅是模仿外国模型而做出调整而已。甚至在 15 世纪末期，很多意大利装饰作品中已经可以看到开放式涡旋图案的雏形了，例如彩色花窗和插图绘本。朱利奥·罗马诺（Giulio Romano）的学生朱利奥·克洛维奥（Giulio Clovio）设计的装饰边框精美别致，很大程度上都展现了伊丽莎白风格的涡旋图案、饰带图案、钉头图案和垂花饰的特征；类似风格的还有乔瓦尼·乌迪内（Giovanni da Udine，1487—1564）设计的佛罗伦萨的劳伦图书馆的彩色花窗；更引人注意的是塞里欧（Serlio）于 1545 年在巴黎出版的关于建筑的著作。伊丽莎白装饰风格的另一个特征是繁复华丽的交织饰带图案，我们要从德国与荷兰的"小大师"一派雕塑家的众多佳作中去追溯它的源头，尤其是阿尔德格雷弗（Aldegrever）、纽伦堡的弗吉尔斯·索利斯（Virgilius Solis）、奥格斯堡的丹尼尔·霍夫（Daniel Hopfer）以及西奥多·德·布里，他们都在 16 世纪留下了大量雕刻装饰设计。我们同样不能忘记在 16 世纪末，W. 迪特尔林（W.Dieterlin）创作了很多典型伊丽莎白风格的建筑和装饰作品，美轮美奂，据弗图（Vertue）称，克里斯莫斯在设计诺森伯兰别墅的正面时借鉴了迪特尔林的作品。以上这些便是伊丽莎白装饰艺术的主要源泉；毫无疑问，装饰艺术在某些情况下应当根据不同的主题和材料有所变化，意大利的艺术大师深知这一美学的特质，大多数情况下他们都避免将绘画风格带入到雕塑和建筑作品中，而是保持艺术类别的界限，例如彩绘书籍、版画、镶花金属作品，以及其他的纯粹装饰性艺术，而这一时期的英国艺术家却反其道而行，将绘画元素渗透到艺术的各个分支，甚至将装饰艺术家的表现手法通过雕刻搬到了建筑上。

　　提到伊丽莎白装饰的特征，可以简要做如下总结：带有卷曲边缘的镂空涡旋图案，怪诞复杂且富于变化；交织饰带，有时会组成几何图样，一般流畅而多变，如彩图 18-10 和彩图 18-42，18-40；绳饰和钉头饰带；弯曲的断裂式轮廓；垂花饰、水果图案与垂饰，点缀着朦胧的人物造型；珍禽异兽，点缀着大块的枝条叶饰设计图案，如彩图 18-3，现在依旧保存在约克郡的伯顿·阿格尼斯府邸的展廊天花板上；粗琢的圆球和菱形图案作品，镶板上常填满了叶饰或盾形纹章；怪诞的拱门石和托架也十分常见；粗犷的石雕或木雕醒目大胆。与像法国和西班牙那些大陆国家的早期复兴作品不同的是，伊丽莎白装饰作品并没有采用哥特风格；但是基本的框架或建筑主体主要还是意大利风格的（窗户除外）：建筑元素层层浮现，外墙有飞檐和栏杆，内墙饰以横雕带和飞檐，屋顶是平顶或内弯顶；哪怕是山墙末端也常有凹凸的轮廓线，这种设计是以威尼斯的早期文艺复兴作品为原型的。

出现在木雕、纪念碑雕像上的人物衣饰以及花毯上的彩色菱格图案比雕刻作品中的设计更加工整纯粹；颜色更加丰富浓郁。大量的这一类作品，尤其是阿拉斯挂毯，是墙壁和家具最常见的装饰物，它们无疑都来自于佛兰德斯的纺织机，有一些也来自意大利，因为第一个本地的工厂是 1619 年在摩特雷克（Mortlake）建立的。

彩图 18-49，18-51，18-52，18-60 是所有展示例子中最具意大利特色的作品；彩图 18-60 正是意大利艺术家的作品。彩图 18-59，18-61 也带有浓厚的意大利风格，取自伊丽莎白和詹姆斯一世时期的肖像画，可能出自荷兰或意大利艺术家之手。彩图 18-45，18-48，18-53，18-58 尽管也是意大利风格，但有很强的原创色彩；而彩图 18-55，18-62 是非常寻常的伊丽莎白时期作品。这些彩色装饰图案的精品依旧保留在属于五金公司的遮罩上，产自 1515 年，它的背景是金色的，上面饰有飘逸丰富的紫色图案，与佛罗伦萨（15 世纪）圣灵教堂的几个祭坛的彩色幔布较为相似，可能是意大利工艺。

牛津的圣玛丽教堂保存着一个讲道坛的帷幔，金色背景上饰有蓝色图案；而在德比郡的哈德威克大厅（Hardwicke Hall）保存了一个精美的挂毯，黄丝线背景，上面饰有绯红色和金色丝线图案。然而这一类作品中最美的精品莫过于一个马具公司的遮罩，绯红色天鹅绒背景上饰有金色图案[17]，产于 16 世纪初期。我们提到的作品以及 P301~302 中的范例，都只主要依靠两种颜色来呈现效果，但其他的主题运用了各式各样的颜色；然而，镀金效果还是占据了主导——这种做法可能源自西班牙，当时新大陆发现了黄金，于是在查理五世和腓力二世统治时期的人们肆意用黄金来做装饰。这种风格的一个作品是现保存在卡尔特修道院总督房间里优美的镀金雕花作品，与黑色大理石完美地结合在了一起。

〔17〕 请参考肖的佳作《中世纪艺术》。

17 世纪中期，具有浓厚伊丽莎白风格的作品消失殆尽了，我们不无遗憾地失去了这种富有变化又美丽如画的风格，尽管这种风格缺少统一的指导原则，容易引发认知上的混乱，但这并不妨碍它给人们带来尊贵华丽的视觉享受。

J. B. 韦林

1856 年 10 月

参考书目

H.SHAW. Dresses and Decorations of the Middle Ages.
The Decorative Arts of the Middle Ages .
Details of Elizabethan Architecture.
C.J. RICHARDSON. Studies of Ornamental Design.
Archirecturai Remains of the Reigns of Elizabeth and James 1.
Studies from Old English Mansions.
JOSEPH NASH. The Mansions of England in the Olden Times.
S.C. HALL. The Baronial Halls of England.

JOSEPH GWILT. Encyclopedia of Architecture.
HORACE WALPQE. Anecdotes of Painting in England.
Archaelogia. Vol. Xii. (1796) .
The Builder (several Articles by C. J. RICHARDSON) . 1846.
DALLAWAY. Anecdotes of the Arcs in England.
CLAYTON. The Ancient Timber Edifices of England.
BRITTON. Architectural Antiquities of Great Britain.

彩图 18-1
古德里奇府邸的横雕带，赫里福德郡（Herefordshire）。亨利八世时期或伊丽莎白时期。佛兰德斯工艺

彩图 18-2
房屋门廊上的木雕，诺维奇附近，伊丽莎白时期

彩图 18-3
伯顿阿格尼斯（Burton Agnes）府邸的石雕，约克郡，詹姆斯一世

彩图 18-4
石制壁炉架的中央装饰，曾位于威斯敏斯特的皇宫，现藏于皇座法庭的更衣室

彩图 18-5
古老房屋的石雕，布里斯托尔（Bristol），詹姆斯一世

彩图 18-6
教堂座椅上的图案，威尔特郡。伊丽莎白时期

彩图 18-7
伯顿·阿格尼斯府邸的石雕，约克郡，詹姆斯一世

彩图 18-1

彩图 18-2

彩图 18-3

彩图 18-4

彩图 18-5

彩图 18-6

彩图 18-7

彩图 18-8
木雕，取自萨默塞特郡的蒙塔丘特（Montacute）府邸。伊丽莎白时期

彩图 18-9
壁炉架的木雕，老王宫，布罗姆利（Bromley），堡门（Bow）附近詹姆斯一世

彩图 18-11
木雕，取自圣三一学院，剑桥

彩图 18-12
威斯敏斯特修道院陵墓上的石雕。詹姆斯一世

彩图 18-14
佩文纳（Pavenham）教堂座椅上的木雕，贝德福德郡，詹姆斯一世

彩图 18-15
威斯敏斯特修道院陵墓上的石雕。詹姆斯一世

彩图 18-16
石雕，克鲁府邸(Crewe Hall）。詹姆斯一世

彩图 18-9

彩图 18-8

彩图 18-10

彩图 18-13

彩图 18-14   彩图 18-15

彩图 18-11

彩图 18-12

彩图 18-16

296

彩图 18-18

彩图 18-17　　彩图 18-19　　　　　　　彩图 18-20　　　　　　彩图 18-21

彩图 18-22

彩图 18-23

彩图 18-24

彩图 18-25

彩图 18-26

彩图 18-27

彩图 18-28

彩图 18-29

彩图 18-30

彩图 18-31

彩图 18-32

彩图 18-17
阶梯彩绘图案，荷兰屋，肯辛顿。詹姆斯一世

彩图 18-18
石雕图案，取自威斯敏斯特的陵墓。伊丽莎白时期

彩图 18-19
取自一把旧椅子。伊丽莎白时期

彩图 18-20
石雕菱格图案，克鲁府邸，柴郡。詹姆斯一世

彩图 18-21
取自伯顿·阿格尼斯府邸，后期最后一个酒吧。查理二世

彩图 18-22
木雕，阿斯顿府邸，沃里克郡，詹姆斯一世后期

彩图 18-23，18-24
木雕，荷兰房子

彩图 18-25
石雕图案，伯顿·阿格尼斯府邸，约克郡。詹姆斯一世

彩图 18-26
木雕菱格图案，阿斯顿府邸。詹姆斯一世

彩图 18-27
木雕菱格图案，老王宫，恩菲尔德。伊丽莎白时期

彩图 18-28
取自伯顿·阿格尼斯府邸，后期最后一个酒吧。查理二世

彩图 18-29
木雕图案，取自佩文纳教堂座椅，贝德福德郡，詹姆斯一世

彩图 18-30
伯顿·阿格尼斯府邸的装饰图案，约克郡。詹姆斯一世

彩图 18-31
木刻图案，彼得·保罗·平德（Peter Paul Pindar）府邸，主教门大街，詹姆斯一世

彩图 18-32
木雕图案，伯顿·阿格尼斯府邸，约克郡，詹姆斯一世

彩图 18-33

彩图 18-34

彩图 18-33
木雕图案，伯顿·阿格尼斯府邸，约克郡，詹姆斯一世

彩图 18-34
石雕菱格图案，克鲁府邸，柴郡。詹姆斯一世

彩图 18-35
取自陵墓的图案，阿斯顿教堂。詹姆斯一世

彩图 18-35

彩图 18-36
取自橱柜的图案，詹姆斯一世，法国工艺

彩图 18-36

彩图 18-37
贝塞斯丹（Bethesdan）的大理石壁炉上的图案，小查尔顿别墅，肯特

彩图 18-37

彩图 18-38
取自陵墓的图案，威斯敏斯特修道院。詹姆斯一世

彩图 18-38

彩图 18-39
木刻图案，彼得保罗平德府邸，主教门大街，詹姆斯一世

彩图 18-39

彩图 18-40
楼梯上的木雕，阿斯顿大厅，沃里克郡。詹姆斯一世后期

彩图 18-40

彩图 18-41
伯顿·阿格尼斯府邸的装饰图案，约克郡。詹姆斯一世

彩图 18-42
石雕菱格图案，克鲁府邸，柴郡。詹姆斯一世

彩图 18-41　　彩图 18-42

彩图 18-43
天花板上的灰泥装饰图案，克伦威尔大厅，海格特，查理二世

彩图 18-43

彩图 18-44
木雕图案，取自佩文纳教堂座椅，贝德福德郡，詹姆斯一世

彩图 18-44

298

彩图 18-47

彩图 18-45

彩图 18-46

彩图 18-48

彩图 18-45
伯顿·阿格尼斯府邸的
菱格图案，约克郡

彩图 18-46
木雕菱格图案，圣
三一学院大厅，剑桥

彩图 18-47，18-48
旧肖像上的衣饰图案。
伊丽莎白时期或詹姆
斯一世时期

彩图 18-49
威斯敏斯特陵墓垂饰
图案。伊丽莎白时期

彩图 18-50
木雕菱格图案，取自
恩菲尔德的老宅。詹
姆斯一世

彩图 18-51
织花椅罩的图案，诺
尔（Knowle）庄园，
肯特郡。詹姆斯一世

彩图 18-52
贴花刺绣。詹姆斯一
世或查理一世时期。
意大利艺术家作品

彩图 18-49

彩图 18-50

彩图 18-51

彩图 18-52

彩图 18-53
伯顿·阿格尼斯府邸的
菱格图案，约克郡

彩图 18-54
灰泥菱格图案，取自
托特纳姆教堂（Tot-
tenham）附近的老宅
伊丽莎白时期

彩图 18-55
如彩图 18-46。詹姆
斯一世后期

彩图 18-56
取自威斯敏斯特陵墓
的垂饰图案。伊丽莎
白时期

彩图 18-57
刺绣花毡。伊丽莎白
时期。取自麦金利
（Mackinlay）先生系
列作品。浅绿背景；
淡黄、蓝色或绿色花
纹；黄丝线勾勒轮廓

彩图 18-58
伯顿·阿格尼斯府邸的
菱格图案，约克郡

彩图 18-59
旧肖像上的衣饰图案。
伊丽莎白时期或詹姆
斯一世时期

彩图 18-60
贴花刺绣。詹姆斯一
世或查理一世。麦金
利先生系列作品。深
红背景，黄线花纹；
黄丝线勾勒轮廓

彩图 18-61
旧肖像上的衣饰图案。
伊丽莎白时期或詹姆
斯一世时期

彩图 18-62
如彩图 18-46。詹姆
斯一世后期

彩图 18-53

彩图 18-54

彩图 18-55

彩图 18-56

彩图 18-57

彩图 18-60

彩图 18-58

彩图 18-59

彩图 18-61

彩图 18-62

第十九章　意大利装饰艺术

15 世纪时，古典复兴运动还力量分散，有待完善，而到了 16 世纪伊始，得益于印刷与版画技术的发展，复兴运动迅猛地发展推广起来，开始形成体系，蒸蒸日上。维特鲁威和阿尔贝蒂的作品被翻译过来，并附有丰富的插图和精辟的评论，意大利著名的设计师几乎人手一本；而在 16 世纪结束之前，塞里欧、帕拉第奥（Palladio）、维尼奥拉（Vignola）和鲁斯科尼（Rusconi）纷纷发表论文，阐述他们对古典纪念碑的研究，他们热情洋溢的作品被永久保留了下来。然而 16 世纪意大利的社会体制毕竟有异于罗马帝国时代，社会需求不同，修建纪念碑的材料也因此产生了变化。15 世纪时，文艺复兴艺术家主要专注于模仿古典装饰艺术作品，然而到了 16 世纪，注意力被放在了古典建筑比例上，主要指五种古典柱式和建筑的对称性；纯粹的装饰细节很大程度上被忽略了，它们仅被看作服务于建筑的附属物。15 世纪的很多艺术家愿意聚集在一个师门下，依靠大师的指导展开浩大的纪念碑工程，而 16 世纪的作品更趋于个性化。像拉斐尔和米开朗基罗这样禀赋超凡之人，可谓兼具了画家、建筑师和雕塑家的三重身份，各有专攻；后世的贝尔尼尼（Bernini）和彼得罗·科尔托纳（Peitro da Cortona）似乎也想成为跨领域的通才，结果非但不通，反而用乱了章法。随着艺术这门学问越来越复杂，分工明确的艺术学院便随之出现了。除了某些例外的情况，负面的影响是显而易见的：建筑师只关心平面图、剖面图和立面图，把心思都放在了柱子、拱券、壁柱和檐部上；画家埋头在工作室里作画，而很少走入他们的作品所服务的建筑中；他们都忽略了整体的装饰效果，只专注于打造精准的结构，强烈的明暗对比效果，堪称一流的布局，以及色调和笔法的雄浑。哪怕一流的雕塑家也放弃了装饰性雕刻，他们眼中只有单独的雕像和群像，或者在设计纪念碑时将整体的美感放在了次位，而本末倒置地把雕塑的具体造型放在了主位。于是装饰图案便成了随意不成体系的设计，装饰的工作也留给了二流的艺术家来完成。我们展示的木雕作品是这类装饰中的上乘之作了。有个别带有灰泥的意大利风格彩绘阿拉伯图案是个例外，值得我们另辟篇幅来讨论。尽管拉斐尔设计的佛罗伦萨的潘

图 100　拱腹镶板，取自热那亚的宫殿之一　　图 101　垂直方向装饰图案，取自热那亚

多芬尼宫（Pandolfini Palace）以及罗马的卡法莱里宫（Caffarelli，后称为斯托帕尼［Stoppani］）巧夺天工，但他的装饰艺术名望是因为他对阿拉伯花纹的运用，所以我们就不赘述了。巴尔达萨雷·佩鲁齐（Baldassare Peruzzi）的作品尽管在装饰上比较耐人寻味，但它们一味模仿古典作品，缺乏醒目的个性。布拉曼特也是如此，也就是又一位文艺复兴艺术家罢了。而我们不得不提的是一位来自佛罗伦萨的艺术家，他天赋超凡，不甘在条条框框中止步，愿意打破传统，自主地拓展个人风格，深深影响了当代的每门艺术分支，毋庸置疑，倘若换作其他的艺术家，打破常规的结果往往是偏离艺术精美高雅的标准。

　　他就是米开朗基罗，1474 年出生于佛罗伦萨的博纳罗蒂（Bruonarrotti）贵族家庭，是卡诺萨（Canossa）公爵的后代。米开朗基罗师从多梅尼克·吉兰达伊奥（Domenico Ghirlandaio），年少时便展露出雕塑方面的天赋，他受邀加入了洛伦佐·美第奇资助创立的学校学习。自从 1494 年美第奇家族被驱逐出城之后，米开朗基罗辗转到博洛尼亚，在那里参与修建了圣道明陵墓；之后不久他重返佛罗伦萨，不到 23 岁便创造出了著名的《丘比特》，因为该作品得到了去罗马工作的机会，在那里创作了《酒神巴克斯》。米开朗基罗在罗马创作了众多作品，他曾受枢机主教昂布瓦斯委任，创作了雕像《圣殇》，现藏于圣彼得大教堂中。他的巨型雕像《大卫》是又一伟大的杰作，现藏于佛罗伦萨；尤利乌斯二世（Pope Julius II）在米开朗基罗 29 岁时将其召回罗马，委任他为自己设计陵墓；温科利（Vincoli）的圣彼得罗（San Pietro）教堂中的《摩西》，还有卢浮宫收藏的《奴隶》，最初都是为了尤利乌斯的陵墓所创作的，但成品比当初设计的要小一号。他接下来为西斯廷教堂创作的壁画是他的又一个旷世杰作，这幅作品美轮美奂、对当代和后世影响深远。1541 年，他为教皇保罗三世完成了壁画巨制《最后的审判》。米开朗基罗将余生倾注在圣彼得大教堂的修建上，不计酬劳，直至 1564 年离开人世。

　　在米开朗基罗漫长的创作生涯中，他不仅求精更求新。他在装饰方面的大胆创新绝不输他在其他领域的突破。大面积的断裂式山墙与脚线、大弧度的托臂和涡旋形饰、模仿自然的装饰元素（避免了夸张），以及建筑构图中空白部分的均匀，米开朗基罗的这些独创元素为这个领域吹入了一股春风，被那些没有他有才华的艺术家狼吞虎咽地模仿去了。罗马风格的设计在米开朗基罗手中起了变化；贾科莫·德拉·波塔（Giacomo della Porta）、多梅尼科·丰塔纳（Domenico Fontana）、巴托洛梅奥·阿曼纳蒂（Bartolomeo Ammanati），卡洛·马德诺（Carlo Maderno）以及维尼奥拉（Vignola）都学习了米开朗基罗的装饰，但学来的精华少，缺陷多，最显著的一个缺陷就是手法过于夸张。佛罗伦萨的巴克西奥·班迪内利（Baccio Bandinelli）和本维努托·切利尼（Benvenuto Cellini）狂热地膜拜并模仿米开朗基罗。威尼斯很大程度上避开了这一股米开朗基罗热，至少比意大利其他城市受到的影响更晚一些。这很大程度上是因为另一位艺术家多少抵消了米开朗基罗的影响，他的作品虽然不及米开朗基罗的雄浑大气，却比米开朗基罗的作品更为精美纤巧，两者的影响力也不相上下。我们指的当然是同样叫桑索维诺的两位艺术家中更伟大的那个贾科波·桑索维诺。

　　这位高贵的艺术家于 1477 年出生在佛罗伦萨的一个古老的家族。贾科波幼年便展露出对艺术强烈的热爱，他的母亲将他送去蒙泰圣萨维诺的安德烈·康图奇（我们在第十七章里提到过）那里学习，当时康图奇（老桑索维诺）正在佛罗伦萨。瓦萨里评价说：“老桑索维诺早就感觉到，有朝一日这个小伙子定会功成名就。”他们两人情同父子，人们索性不再称呼贾科波的本姓“塔蒂”了，而是管他叫“桑索维诺”，自此之后，人们就一直以桑索维诺这样称呼他至今。他在佛罗伦萨初露光芒，在人们眼中是品学兼优的青年才俊，尤利乌斯二世的建筑师朱利亚诺·圣加洛（Giuliano da San Gallo）将他带往罗马。桑索维诺在罗马引起了布拉曼特（Bramante）的注意，制作了巨幅蜡像《拉奥孔》（Laocoon）（在布拉曼特的指导下），同时与他竞争的艺术家包括了著名的西班牙建筑师阿朗索·贝鲁格特（Alonzo Berruguete）。桑索维诺的作品被认为是其中最出色的，后来用他的蜡像做模子制作了一个铜像，最后被红衣主教洛林（Cardinal de Lorraine）所拥有，并把它在 1534 年带到了法国。圣加洛患病而不得不离开罗马，布拉曼特因而帮助贾科波在皮特罗·佩鲁吉诺（Pietro Perugino）同住的地方安顿下来。当时佩鲁吉诺正在为教皇尤利乌斯绘制博尔吉亚塔楼（Torre Borgia）的天顶。佩鲁吉诺十分赏识贾科波，于是让他为自己制作了多个蜡像。贾科波后来结识了卢卡·西尼奥雷利（Luca Signorelli）、米兰的布拉曼蒂诺（Bramantino di Milano），平图里奇奥（Pinturiccio），还有因写就关于维特鲁威著作的评论而声名远扬的塞萨尔·塞萨里亚诺（Cesare Cesariano）；最后教皇尤利乌斯接见了桑索维诺，并聘用他为建筑师。他正发展得顺风顺水之时，一场大病使他不得不返回故乡佛罗伦萨。他在家乡慢慢康复，参与了一个巨型大理石雕像的比赛而最终获得了雕像权，参与竞争的包括了班迪内利等人。贾科波当时屡受重用，包括为乔瓦尼·巴托里尼（Giovanni Bartolini）创作了精美的《酒神巴克斯》（现藏于佛罗伦萨的乌菲兹美术馆）。

1514 年，佛罗伦萨正在紧锣密鼓地为教皇利奥十世的到来做准备，贾科波被聘用参与了多个凯旋门和雕像的设计，教皇大悦，贾科波的朋友贾科波·萨尔维亚蒂（Jacopo Salviati）带着他觐见教皇并亲吻了教皇的脚，受到了教皇的礼遇。教皇立刻下令委任桑索维诺设计佛罗伦萨的圣洛伦佐教堂的正面，而当时米开朗基罗也在竞争这项工作，最终使用手段赢过了桑索维诺；瓦萨里形容说："米开朗基罗想要独揽一切。"桑索维诺并未因此灰心，他继续留在罗马，被聘用进行雕塑和建筑创作。在竞争佛罗伦萨的圣约翰教堂设计时，桑索维诺打败了与他竞争的拉斐尔、安东尼奥·桑加罗（Antonio da Sangallo）和巴尔萨泽·佩鲁济（Balthazar Peruzzi），获得设计权这一殊荣。但该项目刚刚开始的时候，桑索维诺便不小心跌落，受伤严重而不得不离开了佛罗伦萨。出于诸多原因，项目一直被搁置，直至之后桑索维诺返回佛罗伦萨，在克莱门特教皇的主持下项目又继续下去了。从那时起，桑索维诺便参与了罗马的每项重要的建筑工事，直到 1527 年 5 月 6 日，佛罗伦萨被法国攻陷。

此后贾科波辗转到威尼斯寻求庇护，法国国王提出聘请他，他正准备去往法国。然而总督安德烈·格里蒂（Andrea Gritti）劝说他留下，将圣马可大教堂小屋顶修复的工作交给他。贾科波出色地完成了这项工程，于是他被誉为威尼斯共和国的总设计师，享有住房和津贴。贾科波在任期间竭忠尽智，勤勤勉勉，极大地改善了城市建筑的面貌，为共和国增加了收入。韦基亚图书馆（Libreria Vecchia）、铸币厂、科纳罗与莫罗（Cornaro and Moro）宫殿、圣马可大教堂的钟楼的凉廊，希腊圣乔治堂（San Giorgio dei Greci）、巨人台阶的雕像、弗朗切斯科·韦尼罗（Francesco Veniero）纪念碑，还有圣器收藏室的青铜大门，这些都是桑索维诺的建筑杰作，也是意大利艺术中的瑰宝。瓦萨里描述（edit. Bohn,vol. v.p.426）的贾科波平易近人，有勇有谋，积极活跃。他广受赞誉，桃李满园，其中著名的学生包括了特里博洛和索罗斯梅奥·达内赛（Tribolo and Solosmeo Danese）、费拉拉的卡塔内奥·吉罗拉莫（Cattaneo Girolamo）、威尼斯的贾科波·科隆纳（Jacopo Colonna）、那不勒斯的卢科·兰奇亚（Luco Lancia）、巴托勒米奥·阿曼纳迪（Bartolemmeo Ammanati）、布雷西亚的贾科波·美第奇（Jacopo de Medici）以及特伦特的亚历山德罗·维多亚（Alessandro Vittoria）。桑索维诺于1570年11月2日逝世，享年93岁；"（瓦萨里评论说）尽管桑索维诺寿终正寝，但所有的威尼斯人还是为失去他而哀悼"。威尼斯派在青铜装饰艺术方面享誉盛名，很大程度上归功于桑索维诺的贡献。

谈过了意大利，我们再来谈谈法国。在弗朗索瓦一世在位期间（公元1530年），一批意大利的艺术家形成了我们所熟知的"枫丹白露派"。这个流派中最受欢迎的领袖型人物是普里马蒂乔，他遵循米开朗基罗的绘画比例，人物四肢较为纤细，线条造作而起伏曼妙。枫丹白露派艺术家对于人物衣裙的安排处理对法国本土的艺术家产生了很大的影响，不仅影响了画家，也影响了装饰艺术家。衣服褶皱也不再是自然垂落的样子，而是根据布局的需要来填充空白部分，让整体呈现出一种轻盈感，几乎在当时所有主流艺术家的作品中都能够找到这种飘逸的感觉。这一流派中最卓越的一位，也是极具原创精神的便属出生于16世纪法国的让·古戎（Jean Goujon）。他的代表作包括了（有幸大部分都留存至今）创作于巴黎的《无辜者之泉》（1550）；还有以四根庞大的女性雕像为柱的女像柱（des Caryatides），这被认为是他的巅峰之作。著名的《普瓦捷的黛安娜》，又被称为《狩猎女神黛安娜》，是古戎创作的一个精美的浅浮雕。鲁昂的圣马克卢（Maclou）教堂木门、卢浮宫内的雕刻以及馆内的《墓边的基督》，也都出自古戎之手。维特鲁威作品重新问世，受到大众热烈反响，也让古戎十分振奋，他根据马丁的译本撰写了一篇相关的论文。然而古戎不幸在圣巴塞洛缪（St.Bartholomew）大屠杀中被杀害，当时是 1572 年，他正在卢浮宫的脚手架上工作。还有一位比让·古戎更深得枫丹白露派中意大利元素精髓的艺术家，是巴泰勒米·普里厄（Barthelemy Prieur），他在康斯特布尔·蒙莫朗西的庇护下有幸躲过一劫，而普里厄后来也为蒙莫朗西打造了巨大的雕像，为他歌功颂德。与古戎和普里厄同时代的还有让·古赞（Jean Cousin），他也是米开朗基罗狂热的追随者。古赞最著名的作品是《沙博上将雕像》（Admiral Chabot），另外我们已经提到过（第十七章）他的玻璃花窗设计了。同时期的艺术名流还有热尔曼·皮隆（Germain Pilon），他来自勒芒附近的卢埃。索莱姆（Soulesmes）修道院的雕像是皮隆最早期的作品。大约在 1550 年，他的父亲将其送到法国，他的纪尧姆·朗伊·杜倍雷（Guillaume Langei du Bellay）纪念碑于 1557 年被置于了勒芒大教堂中。他在同一时期还根据菲利贝尔·洛姆（Philibert de Lorme）的设计，在巴黎附近的圣丹尼大教堂为亨利二世和凯瑟琳·美第奇打造了纪念碑。毕拉格总统（Chancellor de Birague）纪念碑是他的杰作之一。

著名的雕刻杰作《美惠三女神》是从一整块大理石中雕凿出来的，三女神雕像按照设计本应是头顶着亨利二世和凯瑟琳·美第奇的心脏的骨灰坛的，作品现藏于卢浮宫。为了介绍皮隆的装饰风格，我们展示出了雕塑的底部，请见彩图 17-29。弗朗索瓦一世纪念碑上的雕像和浅浮雕是皮隆和皮尔·邦当（Pierre Bontemps）共同完成的。1590年之后就寻不到皮隆的作品了，库格勒（Kugler）认为皮隆就是那一年去世的。

来自康布雷（Cambray）的弗兰卡维拉（Francavilla，又称皮尔·弗兰彻维尔 [Pierre Francheville]）将枫丹白露派独有的四肢纤长、故作优雅的风格推向了极致。他跟随博洛尼亚的约翰学艺多年，并将约翰更加夸张的蜿蜒风格引入法国。这种装饰风格在17 世纪上半叶大行其道，是路易十四时期的主要装饰风格，玛丽·美第奇的寓所是这种风格最好的体现了，它是 1620 年在卢森堡的宫殿里修建的。

波特雷（Le Pautre）将这种风格延续了下去，他才智过人，是一位多产的艺术家。可以从我们展示的木雕中了解一下他的艺术风格。

讲过了意大利和法国的雕刻装饰艺术，我们接下来审视一下绘画装饰艺术。在这一小段时期里，人们对复兴古罗马的彩色装饰产生了浓厚的兴趣，这一时期的绘画达到了

图 102 波特雷设计的天顶镶板

精美绝伦的境界。要注意的是，古老的阿拉伯绘画花纹与雕刻花纹之间存在着巨大的差异。文艺复兴初期时，阿拉伯雕刻花纹几乎被人忽略了，而阿拉伯绘画花纹则大举成功，从巴乔·平特里为罗马的圣阿戈斯蒂诺教堂设计的壁柱镶板便可知，我们在下页展示的木雕作品便是同一主题的作品。

　　随着研究古希腊罗马雕刻的风潮兴起，研究大理石和石块装饰的潮流也在意大利蔓延开来，每天都有古老的宝藏被挖掘出来，例如保存完好的或残破的装饰性花瓶、神坛、横雕带、壁柱、群雕、单人雕像、半身像、头部雕像，它们出现于圆浮雕上或者是建筑背景里的；水果、花卉、叶饰、动物，同时交织着不同样式的石板，上面还有包含有寓意的碑文。当时的艺术家受泽于不胜枚举的古风遗迹的瑰宝，他们走访罗马，就是为了目睹并临摹这些遗迹，他们尝试将古典雕刻艺术运用到现代的阿拉伯绘画花纹中，然而出于雕刻本身使用材料的关系，在将其运用到绘画中时不可避免地也将雕塑刻板的感觉带入到了绘画中。

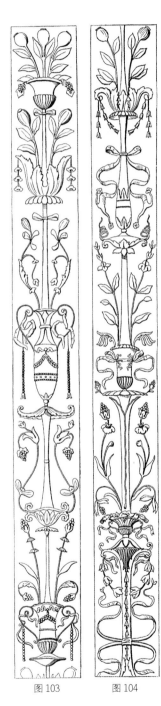

图 103

图 104

这或许解释了为什么在模仿古罗马帝国的彩绘装饰艺术的时候，仿品与原作之间存在着差异。其中最孜孜不倦进行这方面研究的当属皮特罗·佩鲁吉诺，15 世纪下半叶他一直生活在罗马。他在古罗马装饰方面底蕴深厚，被他的同乡聘用装饰当地交易大厅的穹顶壁画，鲜活生动地重现了古典风格和古典题材。这幅熠熠生辉的作品是佩鲁吉诺从罗马来到佩鲁贾不久后完成的，可见他完全沉潜在古典艺术的汪洋里。毫无疑问，这是第一件试图再现古典"怪诞"风格的力作，它的迷人之处不仅在于奠定了佩鲁吉诺忠实再现古典优雅装饰的开山鼻祖的地位，同时他首开先河的"试作"打开了局面，让更多"新手"不断试炼，逐渐让古典艺术的复兴渐入佳境。

当时佩鲁吉诺有几位得意门生，这些精美的装饰也有他们的一份功劳。他们包括了十六七岁的拉斐尔、通常被称为巴基亚卡（Bacchiacca）的弗朗切斯科·贝尔蒂尼（Francesco Ubertini），以及平楚里奇奥（Pinturicchio）。我们不妨追溯一下这三位是如何开启他们的创作生涯的。拉斐尔和平楚里奇奥参与了锡耶纳著名图书馆的建造，拉斐尔的艺术底蕴逐渐深厚，创作出了梵蒂冈凉廊无与伦比的阿拉伯花纹。平楚里奇奥创作了人民圣母堂唱诗班席的天顶，以及罗马波吉亚（Borgia）寓所的天顶。巴基亚卡醉心于这种"怪诞"风格的艺术，终其一生都在绘制这种风格的动物、花卉等图案；最后他在意大利举国闻名，

图 103 巴乔·平特里为罗马的圣阿戈斯蒂诺教堂设计的阿拉伯花纹
图 104 巴乔·平特里为罗马的圣阿戈斯蒂诺教堂设计的阿拉伯花纹

当之无愧成为了这种设计风格的大师。

　　谈到绘画的自如流畅、色彩的均衡、笔触的明亮鲜活、虚实之间微妙的平衡，以及对古罗马绘画的模仿，佩鲁吉诺的这件作品都堪称范本，然而在作品的精致与细腻方面，它还不及后来乔瓦尼·乌迪内（Giovanni da Udine）和莫托·费尔特（Morto da Feltro）的作品。

　　拉斐尔在罗马期间，受教皇利奥十世的委任，进行拱廊装饰工作，建筑工作是在利奥十世的前任尤利乌斯二世时期就展开了，建筑设计师是布拉曼特，也就是拉斐尔的岳父。

　　毫无疑问，尽管装饰采用宗教题材，但装饰工艺的风格与手法的精细程度可以与当时发掘出的古罗马最精美的绘画残片相媲美。拉斐尔是总体装饰设计师，装饰细节是由精心挑选过的助手队伍完成的，最后杰作的出炉离不开这些助手热情的投入。在这位乌尔比诺大师的艺术总纲指导下，以及众多助手的齐心协力之下，让所有艺术家膜拜的享誉盛名的凉廊便诞生了。我们认真遴选出一些有代表性的装饰，展示在 P326~327 中。

　　我们无法将这些阿拉伯花纹和古代作品进行比较，因为前者出自当时的艺术巨匠之手，他们的作品装饰了最富丽堂皇、至高无上的教廷建筑，而后者是艺术发展还不明朗的阶段的产物，这些艺术遗迹对当时帝国的重要性远不及梵蒂冈对教皇的重要性。倘若我们回想一下凯撒皇宫那消逝的荣光，或者尼禄大帝的"金宫"，或许这样的比较更为公允。

　　"为了突显被装饰对象，几乎所有的古典阿拉伯花纹的尺寸都被压缩在一个范围以内，不同装饰部分之间的整体比例也保持一致，它们从来不会像拉斐尔的阿拉伯花纹那样，比例差异如此之大。拉斐尔的阿拉伯花纹的比例时有过大或过小的情况。有时较大的部分被置于较小部分的一侧或者上方，尤其突出了这种不和谐，另外构图不对称，主题不合宜，更加破坏了整体的美感。因此我们看到的是在很小面积上细密的阿拉伯花纹，例如精致优美的花朵、水果、鸟兽、人物、庙宇与景观的组合，而与之毗邻的，是比例放大很多的花萼、蜿蜒的茎秆、叶片和绽放的花朵；这样一来不仅破坏了装饰之间的协调，也有损于建筑整体的宏伟气势。最后探讨一下装饰主题与设计构思之间的关系，以及装饰中蕴含的象征符号与寓言，我们发现古代作品只专注于古典神话，装饰内容符合当时的思想，反观拉斐尔的凉廊绘画，神话元素与基督教符号混杂在一起。"这是古典彩色装饰造诣颇深的 M. 希托夫（ M.Hittorff ）先生做出的评价。我们不得不赞同这种观点；然而在批评拉斐尔的整体设计缺陷的同时，我们也不能忽略拉斐尔和他的助手在装饰细节上的精致入微。"让我们将目光从梵蒂冈转移到玛达玛庄园，一进入庄园的大厅便能发现，这里的装饰布局合理多了。整体装饰的比例匀称，更具有对称感；尽管那华丽的天顶上布满了各式各样的装饰图案，但取得了令人喜悦平静的效果。这里的装饰主题围绕古典神话展开，让我们感受到了古典时期那种统一和谐的精神。根据大众观点，这一精美杰作是拉斐尔基于梵蒂冈凉廊的构思设计的第二件作品，由朱利奥·罗马诺（ Giulio Romano ）和来自乌迪内的乔瓦尼具体执行。我们可以看出，艺术巨匠拉斐尔的这两位得意门生避免了他们的导师在上一作品中犯的错误，尽管梵蒂冈的凉廊广受大众和艺术家的好评与吹捧，但拉斐尔和他的同辈们还是察觉出了之前的不足。"梵蒂冈的阿拉伯花纹多是在白色背景上绘制的，相反，这一郊外庄园的装饰大部分是在各式各样的彩色背景上完成的——罗马诺比拉斐尔和乌迪内的乔瓦尼更钟情于这样的设计。

这个庄园是罗马诺和他的同侪为教皇克莱门特七世，即枢机主教朱利奥·美第奇（ Giulio de Medicis ）建造的，最初的设计出自拉斐尔。蓬佩奥·科隆纳（ Pompeo Colonna ）主教向克莱门特七世展开报复，烧毁了克莱门特在罗马地区的 14 座城堡，玛达玛庄园也遭到毁损，而当时建筑还并未竣工。尽管这座庄园正在快速衰朽下去；但残留的三个拱门依旧气势恢宏，可见拉斐尔的设计才华了得。从卡斯蒂利奥内（ Castiglione ）写给乌尔比诺公爵弗朗西斯科·玛丽亚（ Francesco Maria ）的书信，还有其他的一些现存的绘画和信件中可以确认，这是拉斐尔的设计无疑。

1537 年，美第奇的财产被没收之后，查理五世的女儿玛格丽特将玛达玛庄园购买了下来，玛格丽特也是亚历山大·美第奇公爵的遗孀，玛达玛庄园的名字便是部分沿用了玛格丽特的名字。庄园日后有所修复，但修复工程一直未完工，玛格丽特与奥达维奥法内斯（ Ottavio Farnese ）在庄园里成婚居住。最后那不勒斯皇室通过联姻，占据了玛达玛庄园在内的所有剩余的法内斯的地产。

拉斐尔的学生和追随者创作了大量的阿拉伯花纹装饰，他们技艺高超，我们现在已难分辨罗马的宫殿别墅中精美的阿拉伯花纹都是出自谁手了。可惜拉斐尔英年早逝，曾经凝聚在一起的拉斐尔派艺术家们也分散各地了，那些曾亲身跟随拉斐尔的艺术家们继续在意大利上下发展他们的事业，他们参与了拉斐尔主持下的诸多重大工程，因而得以将他们积累的丰富的经验与知识带往各地。彩绘阿拉伯花纹装饰于是广泛地播撒到了意大利的土地上。然而这些艺术家后来的作品中罗马的古典影响已经很少了，他们的作品绘画性更强，而不再是纯粹装饰性的了。到了 17 世纪，阿拉伯花纹已经全然与花卉图样融为一体了，以此衬托耶稣会士推崇的奢华富丽的建筑风格。在后来贝尔尼尼和博罗米尼（Borromini）盛行时期，大部分的工作都是水泥匠完成的，装饰画家的施展空间仅限于悬置于拱顶和穹顶上的圣者和天使扇动的翅膀和衣裾之间留有的空隙，并且几乎只能采用帕德里·波佐（Padre Pozzo）流派的透视技法。

　　最后我们要谈论一下阿拉伯花纹在不同地区的形态。毋庸置疑，残留了很多古典艺术遗迹的地方的装饰艺术还会继续受到古风的影响。因而罗马的阿拉伯花纹十分接近古典作品，而像曼图亚、帕维亚和热那亚这样的城市地区，则受到了诸多股潮流的影响，形成了不同的风格。比如说曼图亚的装饰体系可以明确地分为三类，第一类是自然流派，第二类是类似讽刺画的风格，是朱利奥·罗马诺引入的，而第三类则是罗马人喜爱的异教风格。在总督府被遗忘的阁间里，那些美不胜收的壁画正在经历一场速朽，我们在P330~332 中展示了很多范例；这些壁画的背景多是白色，花叶和卷须往往围绕一个中

图 105　灰墁天顶的部分细节，马泰·焦韦（Mattei di Giove）宫殿，卡罗·马德诺（Carlo Maderno）设计

央的茎秆展开，例如彩图 19-30，19-33，艺术家似乎是受到自然神性的启发而进行创作的。例如彩图 19-25~30 采用的是程式化的图案，艺术家肆意挥洒，一系列的涡旋形饰和曲线造型便跃然纸上，重复而并不单调。一般花萼是画面的点睛之笔，主线条被赋予丰富的装饰，有时运用寄生植物的叶饰，不时会打断线条的蔓延。

总督府里还存在着另一种形态迥异的装饰图案，我们展示在了彩图 19-34，19-35，19-37，19-39。艺术家已经完全脱离自然，与早期更纯粹的作品相比，这些图案更为刻意雕饰。我们并不是说，程式化的方法就无法体现出最高水平的美感与建筑美术的特征，而是说程式化的表达要在光影色彩的处理上尽量简单平实。模仿自然的时候，既要遵循事物原始的比例，也要多少经过调整加工，才能展现出各式各样的装饰图案。彩图 87 中展示了一些更为精细的阿拉伯花纹，花草从花园和田野中恣意地舒展，细致入微的造型和一点随意的效果是无妨的，彩图 88 中给出了一些更为程式化的图案，看起来则略显琐碎与单薄。彩图 19-38 中线条丛生，饰带舞动，隐约带有珠宝式样，而彩图 19-34 中的面具和锥形纸帽略显单调，它们隐约透露出讽刺画的气息，尽管罗马诺技艺高超，但表现手法过于繁杂。罗马诺在玛达玛庄园和其他的罗马作品中，他那汪洋恣肆的风格多少被其他较为规范的艺术家的风格所抵消了，因而也无须怪罪他；但当罗马诺后来获得了曼图亚"艺术大师"的美名后，他被虚荣蒙蔽了双眼，他的作品里掺杂了不少滑稽荒诞的成分。

我们在 P332 展示了他的一些阿拉伯花纹范例，他作为装饰艺术家的优缺点皆展露无遗。他无法摆脱古典的影响，同时又充满自负，不甘于老老实实地临摹古典作品，他的作品中带有古典作品里罕见的躁动的情绪。他对自然的临摹也处理不当，本来娇柔的花朵在他笔下也变得僵硬。然而，他的风格里有一种锐气，一种罕见的气派与笃定，因此一定要在艺术史上赋予他一席之地。俗话说"渴望优雅的人反而缺乏智慧"，他在他的时代虽然是大师，但也不免往往犯错。彩图 89 中的几个图案就印证了这种犯错的倾向，主要取自曼图亚的特宫。彩图 19-40 中的涡旋自由奔放，但完全被联结这些藤蔓的滑稽人像部分破坏了。又例如彩图 19-42，其中荒谬滑稽的面具人像仿佛在讥笑围绕它的优美图案。彩图 19-41 中自然元素和古典元素的处理也不恰当。彩图 19-44 则"着重"严谨的"规范"。主线条布局中的装饰本该自由展现的时候，反而绑手绑脚；而在应该遵循规范的地方反而恣意无序，罗马诺撷取了古典的波浪形涡旋图案，作为附加装饰元素，一下便暴露出了罗马诺匮乏的想象力和审美趣味的缺陷。

　　我们已经举阿拉伯花纹为例，展示了意大利装饰艺术在不同地区的地方特色，同样，最早期的排字印刷与木刻印刷也体现出了地方特色。彩图 19-46，19-47，19-49，19-51~19-56，19-66，取自著名的《词汇大全》（*Etymologion Magnum*），于 1499 年在威尼斯印刷，其中装饰图案的形制以及空间疏密之匀称，无疑深受东方或拜占庭风格的影响，因为威尼斯保留了大量东方和拜占庭的古老艺术残片。彩图 90 上的很多奥尔德斯风格的大写字母似乎是出自同时期打造的金属波形花纹的工匠之手。1538 年的托斯卡纳版本《圣经》中充斥着 16 世纪流行于佛罗伦萨教堂里的程式化雕塑语言。巴黎出版的印刷作品中也不乏让人敬佩的精品。

　　在如下艺术家的作品中可以发现很多杂糅了地方特色的半古典式装饰细节，包括了史蒂芬（彩图 19-61 取自著名的希腊经文），他的学生克里那奥斯（Colinaeus），来自莱昂斯的梅斯·邦霍姆（Mace Bonhomme，1558 年作品）、来自法兰克福的西奥多·里尔（Theodore Rihel，1574 年作品）、来自安特卫普的雅克德罗·列斯维尔特（Jacques de Liesveldt，1544 年作品），还有来自巴黎的让·帕利尔（Jean Palier）和勒尼奥·绍迪耶尔（Regnault Chauldiere）。

　　我们再回到意大利更为规范的风格上，在追溯文艺复兴运动开始衰落的"最大原因"之前，我们先来审视一下不可忽略的一两类工业艺术的发展。其中最有趣的当属威尼斯玻璃，它让威尼斯声名远播，享誉海内外。

　　1453 年，土耳其人占领君士坦丁堡，将希腊的能工巧匠驱逐到了意大利；当时威

图 106　取自法国早期出版作品中的平面装饰。（史蒂芬版本的希腊经文）

尼斯的玻璃工匠从流放的希腊人那里学习了上色、镀金和上釉的玻璃制造工艺。16 世纪初期，威尼斯人发明了将彩色和乳白色（latticinio）的玻璃丝融入装饰物的工艺，造就了一种不会褪去的美，质量轻，构图精，与装饰对象相得益彰。威尼斯人小心地保护自己的这门绝活，任何泄露秘密或到其他国家进行工艺制造的工匠都会遭受最严重的惩罚。另一方面，穆拉诺岛上的玻璃大师享有优厚的待遇，哪怕是普通的玻璃工人也比其他工匠高出了一等。1602 年，穆拉诺岛制作了一种金币，上面刻有该岛上第一批玻璃工厂中大师的名字，他们是：穆罗（Muro）、勒古索（Leguso）、莫塔（Motta）、毕加格利亚（Bigaglia）、苗蒂（Miotti）、布瑞迪·伽扎宾（Briati Gazzabin）、维斯托斯（Vistosi）和巴拉瑞（Ballarin）。威尼斯人将这一工艺的秘密保留了两百多年，几乎垄断了欧洲的玻璃工艺；但在 18 世纪初，厚重的切割玻璃开始流行，玻璃贸易分散到了波西米亚、法国和英国。

很多珍贵璀璨的金属作品就诞生于这一时期。罗马被攻陷之后，很大一部分玻璃作品可能也化为灰烬了，还有在法国为了赎回弗朗索瓦一世的时候，当然后来它又一度流行了回来。佛罗伦萨的托斯卡纳公爵府邸以及巴黎的卢浮宫都还保留着镶嵌珠宝的杯子与其他珐琅精品，充分展现了 16 世纪金银匠和珠宝艺术家精湛的技艺与高雅的审美。当时流行的一种非常华丽的珠宝"徽章"（enseigne），一般被用作贵族的帽饰或女士的头饰。当时有在重要场合馈赠礼物的风俗，因此意大利和法国的珠宝艺术家获得了源源不断的工作机会，哪怕在最动荡的时期他们也生意兴隆。《康布雷城堡公约》的签订，亨利四世登基，分别让意大利和法国恢复了和平，对金银匠的需求突然高涨，黎塞留（Richelieu）公爵和马萨林（Mazarin）公爵为"路易大帝"时代的到来铺平了道路。路易时代涌现了无数艺术精品，设计师包括了巴黎的金银匠克劳德·巴林（Claude Ballin）、拉巴尔（Labarre）、文森特·佩蒂特（Vincent Petit）、朱利安·德方丹（Julian Desfontaines）以及其他在卢浮宫工作的艺人。当时工匠的一大绝活是白鹭冠（aigrette），是贵族佩戴的饰品。从这一时期开始，法国珠宝艺术迅速衰落，精湛的金属工艺被运用到了青铜和黄铜作品上，路易十六时期，著名的古蒂埃（Gouthier）的雕刻可谓鬼斧神工。我们印刻了巴黎工匠的两个作品。这一类的装饰作品蜿蜒曼妙，活泼悦动，达到了天衣无缝的工艺水平。

图 107　镶嵌图案，菲设计，路易·塞兹风格　　　　图 108　镶嵌图案，菲设计，路易·塞兹风格

图 109　"小大师"之一的西奥多德·布里设计的阿拉伯花纹

这一流派艺术细节的流行，也在整体上影响了设计界，因为那个年代的金银匠往往会聘用制图员和版画家，帮助设计样式，自然而然，很多珠宝设计师的特别设计被应用到了其他领域的装饰当中。这在德国尤为如此，尤其是萨克森地区，发展出多种多样的文艺复兴与意大利乡土艺术杂糅的风格，在很多选帝侯们（electors）的府邸里出现了绳索和饰带图案，漩涡花饰（cartouches），以及极为繁琐的建筑细节。我们这里展示的西奥多·德·布里的装饰图案体现了用作珐琅装饰的切立尼风格的主题是如何拼凑到一起，组成了当时的怪诞风格的。布里的作品并不是个例；艾蒂安·劳伦（Etienne de Laulne）、吉尔·艾格雷（Gille l'Egare）和其他的法国铜板画家的作品也有同样的特质。

这一类的版画家和设计师在德国和法国很受欢迎，他们提供了很多波形花纹的模板，在德国、法国和意大利都一度很流行。

尽管我们发现，十字军东征时在大马士革购买了东方的武器，有时也将一些精美的物器带到欧洲，例如"文森斯花瓶"，但是并没有想到要模仿它们，一直到了15世纪才开始了模仿东方的风潮，意大利人开始借鉴东方来装饰他们的盔甲，后来这种装饰方法传遍了意大利。这种装饰很可能先是传入了像威尼斯、比萨和热那亚那样的大型贸易城市，而后成了更为恒久流传的盔甲装饰风格。之前米兰的艺术家一般用镀金法来装饰盔甲。当时米兰在欧洲的地位就相当于东方的大马士革，而大马士革是当时最精良的武器盔甲的集散地。这种装饰最初仅被用在武器上，而直到最后意大利作家将其命名为"lavoro all azzimina"。16世纪初，这种艺术形式延伸到意大利之外，或许是法国和西班牙这些国家的国王喜爱玩赏艺术，乐于招纳来自四方的艺术家，这些艺术家将这门艺术传授给了法国和西班牙的工匠。最精致的波形花纹作品可能莫过于弗朗索瓦一世的盔甲了，现藏于巴黎的纪念章博物馆。人们认为这个盔甲还有藏于温莎古堡的女王陛下的盾牌是出自切立尼之手；但与切立尼其他作品相比较，人物造型的笔触更像是奥格斯堡艺术家的风格，与切立尼从米开朗基罗那里学习来的手法很不一样。

从16世纪一直到17世纪中期，大量的武器盔甲上都饰有大马士革波形花纹，卢浮宫、纪念章博物馆和军事博物馆都收藏了大量这种精致的作品；米开朗基罗、内格罗利（Negroli）、皮奇尼尼（Piccinini）和科斯纳（Cursinet）都擅长这种波形花纹装饰，对盔甲装饰造诣颇深。

　　用波形花纹装饰盔甲武器似乎在英国并不太常见；镀金、绘画、涂黑、涂红是较为常见的装饰方法。我们仅有的一些样品很可能是进口来的，或者是国外战争里的战利品，正如圣康坦之战后，彭布罗克伯爵（Earl of Pembroke）将精美的盔甲战衣带回了英国。

　　我们描述了法国装饰艺术是如何在16世纪借鉴意大利艺术的基础上重新发挥光芒的，然而到了17世纪这种借鉴却适得其反，导致法国艺术走向了衰败。毫无疑问，有两位才华超凡而声誉大噪的意大利艺术家，他们高高在上，成为"众人膜拜的对象"，严重污染了法国艺术。他们就是洛伦佐·贝尔尼尼和弗朗西斯科·博罗米尼。贝尔尼尼生于1589年，父亲是佛罗伦萨的雕塑家。他在雕塑方面天赋超凡，年纪轻轻便独挑大梁，受聘从事雕塑与建筑的工作。他几乎一生都在罗马度过，在那里设计了西班牙广场的破船喷泉、巴贝里尼（Barberini）广场的特里同喷泉（Triton）、纳沃纳（Navona）广场的四河喷泉、传信部宫（College de Propaganda Fide）、面朝幸福大道的巴贝里尼宫（Barberni Palace）的大厅和正面、圣彼得大教堂的钟楼（之后被拆毁）、蒙特奇特利欧宫（Monte Citorio）的卢多维科宫（Ludovico Palace）、著名的圣彼得广场，还有从圣彼得广场通往梵蒂冈的巨大阶梯等等。贝尔尼尼雕刻的胸像是欧洲的皇宫贵族争相寻觅的珍品，当贝尔尼尼68岁之时，一向呼风唤雨的路易十四居然愿意屈尊，向教皇和贝尔尼尼递上恳求信，邀请贝尔尼尼到巴黎来。贝尔尼尼在巴黎期间参与的创作有限，但据说他每天收到5个路易金币，在他离开巴黎时，还收到了一笔5万克朗的奖赏以及2千克朗的每年津贴，陪伴他的儿子可获得其中的500克朗。贝尔尼尼回到罗马后，为路易十四打造了一个骑马雕像，现存于凡尔赛宫。贝尔尼尼除了在建筑、雕塑和青铜方面有所建树，他对机械也十分在行；他光是在巴贝尔尼宫和基吉宫（Chigi）就留下了多达500幅绘画作品。贝尔尼尼于1680年离开了人世。

　　弗朗西斯科·博罗米尼于1599年出生于科莫附近。他早年师从卡洛·马德诺（Carlo Maderno），很快一跃成为出色的雕刻家与建筑师。马德诺去世之后，他接替师傅的位置，参与了由贝尔尼尼主持的圣彼得大教堂的修建，而很快与贝尔尼尼产生分歧。马德诺想象力丰富，绘画与设计造诣深厚，很快屡受聘用；他总是天马行空，贝尔尼尼极尽奢华的风格到了博罗米尼的手里便多了荒诞讽刺的效果。直到1667年博罗米尼临终之际，他仍旧试图颠覆所有的艺术秩序与对称的原理，为他的作品增添新的面貌，这也

图 110　装饰布局，波特雷设计作品

图 111　左图横雕带作品，路易·塞兹 [Louis Seize]，
菲 [Fay] 设计

图 112　右下赖斯纳 [Reisner] 镶嵌画，菲设计

图 113　右图横雕带作品，路易·塞兹 [Louis Seize]，菲 [Fay] 设计

引起了当时时尚人士的钦佩。他的设计里有一种离经叛道的意味，不合比例的线脚、支离破碎或冲突拼接的曲线，断裂扭曲的线条和平面，这些都成了今日的主流，整个欧洲都竞相模仿。这股潮流更是如火如荼地在法国蔓延，取代了原来精巧优美的形式，例如1576 年杜·塞尔绍（Du Cerceau）的作品，后来被 1727 年马罗特（Marot）的作品和1726—1727 年玛丽特（Mariette）的作品取而代之了。博罗米尼在 1725 年问世的作品，还有皮皮埃纳（Bibiena）1740 年出版的同样怪诞风格的作品都广为流传，反映出当时大众倾向于灵巧雕琢而非简单优美的审美趣味。尽管当时艺术走向衰落，路易十四和路易十五统治时期的法国艺术家还是创作了大量精美的装饰设计，展现了一种惊鸿一瞥的美，难以超越。波特雷（Le Pautre）的作品（路易十四统治期间）中就有这种特质，路易十五统治期间出版的布隆德尔（Blondel）的关于室内设计的著作中也能发现这种惊艳的美。

　　尽管纽弗日（De Neufforge）是宫廷寻欢作乐方面的高手，但他严肃搞起研究来也毫不含糊，他编写的《装饰》一书搜集了 900 多个装饰作品。书中提到的艺术高手不胜枚举，路易十五和他的继承者供养了一大批装饰设计家、绘画家和版画家，他们待遇优厚，工作源源不断，我们就不一一列举了。但不能不提的一位是让·贝杭（Jean Berain），他被誉为"御用室内装潢师"（路易十四时期），他给我们留下了宝贵的财富，他让布尔细工家具广为流行。他参与设计了卢浮宫的阿波罗画廊，杜乐丽宫中的国家寓所，他在 1710 年发表的作品中就展示了这些精致的作品。他的另外一组生动活泼的设计被戴格瑞蒙（Daigremont）和斯高丁（Scotin）版刻下来。路易十五于 1715 年登基之后，"洛可可"和"巴洛克"之风比路易十四时期吹得更加猛烈。尽管建筑师苏夫洛（Soufflot）才华横溢，佳作频频，但之前充满叶饰的卷曲的涡旋图案和贝壳图案演变成了后来的"贝壳工艺"（rocaille）和洞室作品，堕落成为不伦不类的"中国风"（chinoiserie）。路易十六执政期间艺术从这种空洞奢靡的状态中走了出来，转向精致纤细的风格，与罗伯特·亚当（Robert Adams）介绍到英国的风格颇为相似，例如他在艾德菲（Aldelphi）地区的建筑。三位艺术奇才在法国大革命前对工业设计产生了积极的影响——一位是橱柜工匠赖斯纳（Reisner），他因精美的镶嵌作品而闻名；一位是古蒂埃（Gouthier），玛丽·安托瓦内特（Marie Antoinette）的御用黄铜雕刻家；

另外一位是迪蒙特瑞尔（Demontreuil），是皇室御用的木雕艺术家。法国大革命风起云涌，艺术也大浪淘沙，宫廷的"奢靡风"完全消逝，大卫风格的严肃艺术受到共和国的青睐。然而随着法兰西共和国逐渐演变成帝国，共和国的严肃艺术继而让位给了宏伟的帝国风格。拿破仑一世聘用了诸多顶级艺术大师，包括了佩西耶（Percier）、方丹（Fontaine）、诺曼德（Normand）、弗拉戈纳尔（Fragonard）、普吕（Prudhon）和卡瓦利耶（Cavelier）的一批艺术家发展出一种优雅精深但僵硬阴冷的风格，谓之"帝国风"。随着法国王室复辟，古典风格被摒弃，艺术一时又陷入混乱无序的状态。然而法国人骨子里艺术觉悟高，加上学院开明自由的风气，大众对艺术的兴致再次高涨，掀起了一股追索古迹的热潮。人们开始修缮、寻找、恢复并模仿中世纪和文艺复兴的纪念碑，当时各派齐出，不拘一格的具有原创精神的作品浮出水面，很快席卷了法国。

不得不承认，法国直至今日，都是装饰布局与工艺方面的领先者；不过英国的装饰艺术也蓬勃发展，或许未来的历史学家会欣然将英国也放在和法国同样的位置上，这也不无可能。

M. 迪格·怀亚特

参考书目

ADAMS (E.) The Polychromatic Ornament of Italy. 4to. London, n.d.

ALBERTI (L.B.) De Re AEdificatoria Opus. Florent. 1485, in folio.

ALBERTOLLI. Ornamenti diversi inventati, &c., da. Milano, in folio.

D'ANDROUET DU CERCEAU. Livre d'Architecture. Paris, 1559, in folio.

D'AVILER. Cours d'Architecture, par. Paris. 1756. in 4to.

BIBIENA. Architettura di. Augustae, 1740, in folio.

BORROMINI (F.) Opus Architectonicum. Romae, 1725, in folio.

CLOCHAR (P) Monumens et Tombeaux mesures et dessines en Italie, par. 40 Plans and Views of the most remarkable Monuments in Italy. Paris, 1815.

DEDAUX. Chambre de Marie de Medicis au Palais du Luxembourg; ou, Recueil d'Arabesques, Peintures, et Ornements qui la decorent. Folio, Paris, 1838.

DIEOO E ZANOTTO. Sepulchral Monuments of Venice. I Monumenti cospicui di Venezia, illustrati da1 Cav. Antonio Diedo e da Francesco Zanotto. Folio, Milan, 1839.

DOPPELMAYR (J. G.) Mathematicians and Artists of Nuremberg, &c. Historische Nachricht von den Numbergischen Mathematicis und Kunstlern, &c. Folio, Nurnberg. 1730.

GOZZINI (V.J Monumens Sepulcraux de la Toscane, dessines par Vincent Gozzini, et graves par Jerome Scotto. Nouvelle Edition, augmentee de vingt-neuf planches, avec leur Descriptions. 4to. Florence, 1821.

GRUNER (L) Description of the Plates of Fresco Decorations and Stuccoes of Churches and Palaces in Italy during the Fifteenth and Sixteenth Centuries. With an Essay by J. J. Hittorff on the Arabesques of the Ancients compared with those of Raffaelle and his School. New edition, largely augmented by numerous plates, plain and coloured. 4to. London. 1854.

-- Fresco Decorations and Stuccoes of Churches and Palaces in Italy during the Fifteenth and Sixteenth Centuries, with descriptions by Lewis Gruner, K.A. New edition, augmented by numerous plates, plain and coloured. Folio, London. 1854.

- Specimens of Ornamental Art selected from the best Models of the Classical Epochs. Illustrated by 80 plates. with descriptive text, by Emil Braun. (By Authority.) Folio, London, 1850.

MAGAZZARI (G.) The most select Ornaments of Bologna. Raccolta de' piu scelti Ornati sparsi per la Citta di Bologna, desegnati ed incisi da Giovanni Magazzari. Oblong 4to. Bologna, 1827

DE NEUFFORGE. Recueil elementaire d'Architecture, par. Paris (1757) . 8 vols. in folio.

PAIN'S British Palladio. London, 1797, in folio.

PALLADIO Architettura di. Venet. 1570, in folio.

PASSAVANT (J. D.) Rafael von Urbino und sein Vater Giovanni Santi. In zweitheilen mit vierzehn abbildungen. 2 vols. 8vo. 1 vol. folio, Leipzig. 1839.

PERCIER ET FONTAINE. Recueil de Decorations interieures, par. Paris, 1812, in folio.

PERRAULT. Ordonnance des cinq speces de Colonnes, selon les Anciens. par. Paris. 1683. in folio.

PHILIBERT DE LORME. OEuvres d'architecture de. Paris, 1626. in folio.

PIRANESI (FR.) Differentes Manieres d'omer les Cheminees. &c., par. Rome, 1769, in folio. And other works.

PONCE (N.) Description des Bains de Tite. 40 plates, folio.

RAPHAEL Life of Raphael, by Ouatremere de Quincy. 8vo. Paris, 1835.

Recueil d'Arabesques, contenant les Loges du Vatican d'apres Raphael, et grand nombre d'autras Compositions du meme genre dans le Style Antique, d'apres Normand, Queverdo, Boucher. &c. 114 plates. imperial folio. Paris, 1802.

RUSCONI (G. ANT.) Dell' Architettura, lib. X.. da. Venez. 1593, in folio.

SCAMOZZI. Idea dell' Architettura da, Venez. 1615. 2 vols. in folio.

SERLIO (SEB) Tutte le Opere d'Architettura di. venet. 1584, in 4to.

——Libri cinque d'Architettura di. Venet 1551, in folio.

Terme de Tito. A series ol 61 engravings of the paintings, ceilings, arabesque decorations, &c., of the Baths of Titus, engraved by Car1o-ni. 2 vols. in 1, atlas --folio. oblong, Rome, n. d.

TOSI AND BECCHIO. Altars, Tabernaeles, and Sepulchral Monuments of the Fourteenth and Fifteenth Centuries, existing at Rome. Published under the patronage of the celebrated Academy of St. Luke, by MM. Tosi and Becchio. Descriptions in Italian, English, and French, by Mrs. Spry Bartlett. Folio, Lagny, 1853.

VIGNOLA. Regola dei cinque Ordini d'Architettura, da. In folio.

VOLPATO ED OTTAVIANO. Loggie del Raffaele nel Vaticano, &c. Roma, 1782.

ZAHN (W.) Omamente aller Klassischen Kunst-Epochen nach den originalen in ihren eigenthumlichen farben dargestellt. Oblong folio. Berlin, 1849.

ZOBI (ANT.) Notizie Storiche sull' Origine e Progressi dei Lavori di Commesso in Pietre Dure che si esequiscono nell· I. e R. Stabilimento di Firenze. Second Edition. with additions and corrections by the author. 4to. Florence, 1853.

彩图 19-1~24
一系列的阿拉伯花纹
壁画，创作者包括乔
瓦尼·乌迪内、佩里
诺·瓦加（Perino del
Vaga）、朱利奥罗马诺、
波利多罗·卡拉瓦乔
（Polidoro da Car-
ravaggio），弗朗切
斯科·彭尼（Francesco
Penni）、文森佐·圣
吉米纳诺（Vincenzio
da San Gimigna-
no），佩莱格里诺·莫
德 纳（Pellogrino
da Modena）， 巴 托
洛梅奥·巴尼亚卡瓦
洛（Bartolomeo da
Bagnacavallo)等人，
他们根据拉斐尔的设
计而成，取自梵蒂冈
的中央敞廊，罗马

彩图 19-1

彩图 19-2

彩图 19-3

彩图 19-4

彩图 19-5

彩图 19-6

324

彩图 19-7

彩图 19-8

彩图 19-9

彩图 19-14

彩图 19-10

彩图 19-11

彩图 19-12

彩图 19-13

彩图 19-15

彩图 19-16

彩图 19-17

彩图 19-18

彩图 19-19

彩图 19-20

彩图 19-21

彩图 19-22

彩图 19-23　　彩图 19-24

彩图 19-25~33
绘制于白色背景上的
一系列阿拉伯花纹壁
画，曼图亚公爵府

彩图 19-25

彩图 19-26

彩图 19-27

彩图 19-28

彩图 19-29

彩图 19-30

彩图 19-31

彩图 19-32

彩图 19-33

彩图 19-34~38
绘制于部分彩色背景
上的一系列阿拉伯花
纹壁画，大部分取自
曼图亚公爵府

彩图 19-34

彩图 19-35

彩图 19-36

彩图 19-37

彩图 19-38

彩图 19-39

彩图 19-39~44
绘制于彩色背景上的
一系列阿拉伯花纹壁
画，取自曼图亚的特宫
（Palazzo del Te），
朱利奥·罗马诺设计

彩图 19-40

彩图 19-41

彩图 19-42

彩图 19-43

彩图 19-44

彩图 19-45~75
16世纪意大利和法国的一系列印刷作品中的经典装饰图案；取自奥丁斯（Aldines）、君塔斯（Giuntas）和史蒂芬（Stephans）等印刷商出版的作品

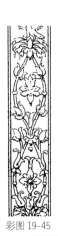

彩图 19-45

彩图 19-46

彩图 19-47

彩图 19-49　　　　彩图 19-50

彩图 19-51

彩图 19-52

彩图 19-53

彩图 19-54　　　　彩图 19-55

彩图 19-56

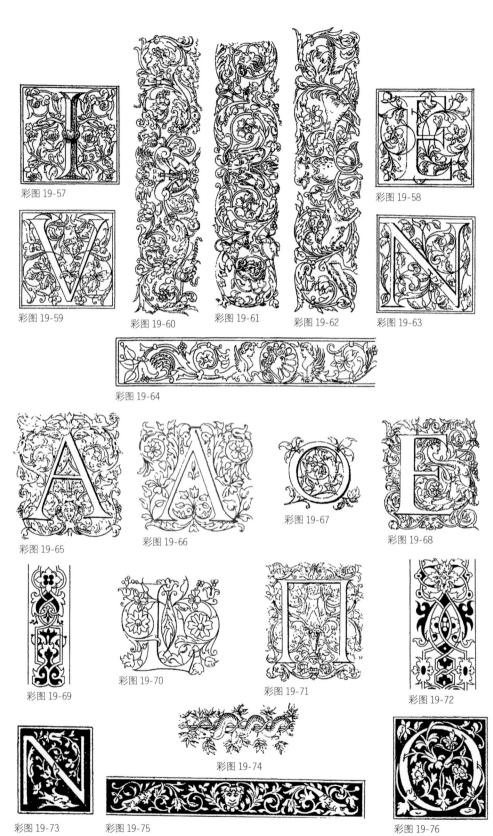

彩图 19-57

彩图 19-58

彩图 19-59

彩图 19-60

彩图 19-61

彩图 19-62

彩图 19-63

彩图 19-64

彩图 19-65

彩图 19-66

彩图 19-67

彩图 19-68

彩图 19-69

彩图 19-70

彩图 19-71

彩图 19-72

彩图 19-73

彩图 19-74

彩图 19-75

彩图 19-76

第二十章 自然花叶装饰艺术

我们在之前的章节里已经论述了这样的道理，在艺术的辉煌期，所有的装饰要通过观察总结自然布局的原理，根据这些原理试图设计出同样布局完美的形式，一旦跨越了这条界限，便预示着艺术显然要走向衰落。真正的艺术是对自然的升华，而非复制。

我认为值得在这里强调的是，我们目前处于艺术的混沌期，似乎存在着一股尽量忠实地模仿自然的倾向，但人们已经厌倦了新瓶旧酒的艺术活动，总是重复同样的程式化图案让人审美疲劳。这时响起了一股"学古人回归自然"的呼声，我们是最早响应这股呼声的，但这取决于如何回归，能有多少成效。倘若我们像埃及和希腊那样回归自然，便是走对了路；但若是像中国人或 14 世纪和 15 世纪的哥特式艺术家那样回归自然，便希望渺茫。我们从当今琳琅满目的印花地毯、印花纸张和花卉雕刻中便可得知，光靠写实是无法造就艺术的，写实得越逼真的作品，反而离艺术越远。

尽管装饰仅仅是建筑的附属品，绝不能取代构筑特征的部分，然而装饰有盈有缺都不妥当，毕竟装饰是建筑丰碑的灵魂。

从一幢建筑的装饰中可以评断出设计师的艺术创意水平。建筑本身的布局可能尚佳，线脚也可能模仿过去的成功案例没什么差错；但是建筑师的艺术才华从装饰图案上便高下立判。装饰图案是审视一个建筑作品的用心程度与精致度的最佳衡量标准。让装饰图案放在恰当的位置并非易事；而想让装饰图案起到锦上添花的作用，并且反映建筑的主旨，更是难上加难。

很不幸，在我们的时代，建筑的构筑性装饰，尤其是室内装饰的工作都交托给了错的人。

重新将莨苕叶饰运用到装饰中便导致了这样的恶果，这样做等于是熄灭了艺术家创意灵感的火苗。建筑师也不顾自己统领全局的角色，把装饰的工作交给了不适合担任此项工作的人。

那么人类追求进步的欲望如何能得到满足？新的装饰风格是如何诞生并得到发展

的？有些人或许会说，首先要开拓新的建筑风格，而不应该从装饰开始入手。

我们并不这样认为。我们已经谈到，每一个民族文明的发展伊始，都有装饰的欲望。建筑采纳了装饰，并非创造了装饰。

有人说建筑中的科林斯柱式是受了围绕着瓦盆的莨苕叶的启发而产生的；但其实莨苕叶作为装饰由来已久，或者说人们早已观察它生长的原理，创造出了程式化的装饰图案。只不过后来将这种叶片运用到柱子的柱头上，才产生了所谓的科林斯柱式。

13 世纪的建筑中普遍运用叶饰的设计原理还有叶片的整体布局，而这种原理和布局很久之前就出现在彩绘手稿中了。它们很可能源自东方艺术，早期的英国装饰就有这种东方的色彩。13 世纪的建筑师对这种装饰体系熟稔于心；毫无疑问，之所以它能在13 世纪如此流行，是因为我们对它的主要形制已经非常熟悉。

同样，建筑中出现的模仿自然的花卉图案，也是延续了之前装饰领域的花卉图案。在弥撒书中就先有了模仿自然的花卉图案，人们才开始尝试在建筑石雕中也引入花卉图案。

伊丽莎白时期的建筑装饰几乎是完全套用了纺织工匠、画家和版画家的作品。任何一种借鉴而来的艺术风格都是如此。伊丽莎白时期的艺术家对绘画、悬饰、家具、金属作品和其他的奢华物品都比对建筑纪念碑更要熟悉，前者是英格兰从欧洲大陆国家带回来的。正是因为伊丽莎白时期的艺术家对装饰更为在行，而对建筑却略逊一筹，才导致伊丽莎白式的建筑有别于经典的文艺复兴建筑作品。

因而我们可以得出，新的装饰风格可以完全独立于新的建筑风格而产生；另外，新的装饰风格很容易催生出新的建筑风格，例如，如果我们能发明一种支撑物的新的端头样式，那么最大的难题就被攻克了。

一种风格的建筑最主要的特征是它的支撑结构；其次是支撑物之间空间的布置；再次是屋顶。而构筑性的装饰赋予了建筑特色，并且它们之间是环环相扣的，一个部分的创新会自然而然催发其他部分的创新。

乍看起来建筑构筑特征已经发展成熟，走到了尽头，我们只能在已有的体系当中择其一了。

倘若我们不使用希腊式与埃及式的柱子和横梁，也抛弃罗马的圆拱门、中世纪的尖拱和拱顶、伊斯兰教的穹顶，那么我们不禁要问——还剩下什么了？我们或许会得到这样的答案，即所有空间封顶的方法已经用光了，另寻他法是徒劳的。但人们不是一直都错以为是这样吗？埃及人是否设想过，除了巨大的石块，或许还有其他延伸空间的方法？中世纪的建筑师是否想到过，他们那些轻盈的穹顶会被超越，用空心钢管就解决了延伸空间的问题？我们先不要悲观地妄下定论；我们定还没有领略到世界上最终极的建筑体系。倘若我们可以走出模仿的时代，走出建筑空洞乏力的时代，并非不可，历史必定有过先例。毫无疑问（或许并非在我们的时代），混乱的时代会过去，我们终将到达下一个更高级的建筑辉煌期，人类各方各面的知识谱系都是这样不断增添新的篇章的。

回到我们的主题，新的艺术风格或新的装饰风格是如何形成的，甚至说是如何开始形成的？首先，哪怕我们有幸能看到艺术变化的开端，也未必有机会领略它的开花结果。一方面，建筑行业太依赖于过去教育的影响，另一方面也受大众信息的误导；然而崛起的新一代是没有历史的负担的，我们对下一代的未来怀抱着希望。我们在此书编写着已然，正是为了催发后人的未然，这样做不是让他们大肆模仿，而是让艺术家们悉心研究过去的艺术作品的原理，研究它们让世人惊叹背后的究竟，在此基础上创造出同样美丽的作品。我们相信，一名求知若渴地从事艺术的学生，会克服惰性，琢磨过去的作品，与写实自然的作品对比，充分领会二者背后的原理，他定会成为一名创造者，创造出富有个性的新艺术形态，而不是单单模仿过去的作品。倘若一名从事艺术的学生能够了解自然万物都是根据一些固定的法则被设计得恰到好处，呈现出万千的形态，如果他了解空间疏密调和、曲线相切和主干放射这些原理，抵御直接模仿自然的诱惑，而是遵循前人指明的道路走下去，毫无疑问，他会创造出新的艺术形式，鉴往知来。只需几位开先河者指出方向，其他人很快便会加入创作的浪潮，不断改进，彼此修正，直到登峰造极，最后才又走向衰落和混乱。然而现在我们还远谈不上走到了任何一个阶段。

我们总希望可以尽自己之力推动艺术的发展，本章展示出 10 张彩图，列举了很多自然的叶片，它们充分体现了自然布局的原理。诚然，这些原理是普遍存在的，从一个叶片上观察到的原理其实可以推一及千。彩图 20-1 中的栗子叶其实包含了大自然中的各种原理，空间布局的和谐，主干放射，曲线相切，甚至是表面装饰的分布匀称，没有任何艺术可以与大自然中优雅的形态相媲美。所有的原理都可以通过一片叶子洞悉。但如果我们继续研究叶片的生长，查看葡萄藤或者常青藤的叶丛，会发现一丛叶子中展示的原理其实和一片叶子展示的原理是一样的。例如彩图 20-1 中的栗叶，在靠近茎干的地方，叶瓣以相同的比例逐渐缩小，无论是哪一丛叶子，叶片之间都和谐地汇聚成一个整体，正如一个叶片可以让人的目光在上面安宁的栖息，一丛叶子亦是如此。我们从不会发现有哪个叶片破坏了整丛叶子的恬静感。彩图 20-29~45，20-46~47 和 20-48 中的叶片也同样展现了普遍的平衡法则。同样的法则也作用于花朵表面纹路的分配：每一个纹路都与整体形制相得益彰，减少任何一根都不会让整体更完美。为何如此？正是因为每种植物自然生长的原理造就了美。树液沿着茎干，延伸到叶片表面的尽头，无论表面是何形态；它延伸的距离越远，它需要支撑的重量越重，汁液就越浓稠。（请见彩图 20-29~45 和 20-46~47 中的旋花植物）。

在彩图 20-29~45 中，我们展示了不同种类花朵的平面图和立面图，可以看出，它们都是几何形式的，表面从中央开始向外扩展，以相同的长度停顿，因而造就了对称规范的形态。

无人敢称，我们除了模仿 13 世纪的那种五瓣花或七瓣花别无选择；也无人可以说只有希腊的忍冬花或罗马的莨苕叶能够产生艺术——难道自然就仅限于此么？自然界万物形态万千，而背后的原理亘古不变。我们对未来怀抱希望；我们要从沉睡中苏醒。造物主并未把世间万物都创造成美丽的样子，让我们懂得了鉴别。另外，造物主安排了一切供我们欣赏，也待我们学习。它们的存在激发了植根于我们心中的创作本能——造物主在天地间洒下了规范、对称、优雅并合宜的作品，而我们尝试用双手去模仿并超越造物主的杰作。

彩图 20-1

彩图 20-2
藤叶。完整比例，取
自自然叶片

彩图 20-2

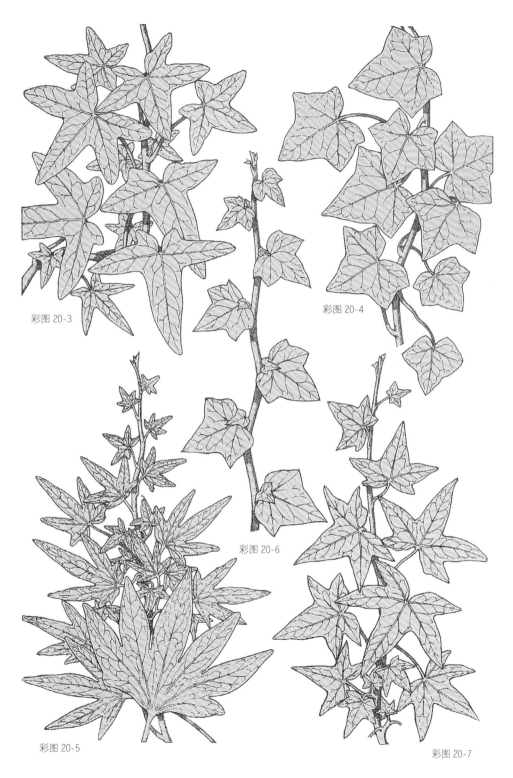

彩图 20-3

彩图 20-4

彩图 20-6

彩图 20-5

彩图 20-7

彩图 20-3
普通常青藤。完整比
例，取自自然叶片

彩图 20-4
普通常青藤。完整比
例，取自自然叶片

彩图 20-5
常青藤叶

彩图 20-6
普通常青藤。完整比
例，取自自然叶片

彩图 20-7
普通常青藤。完整比
例，取自自然叶片

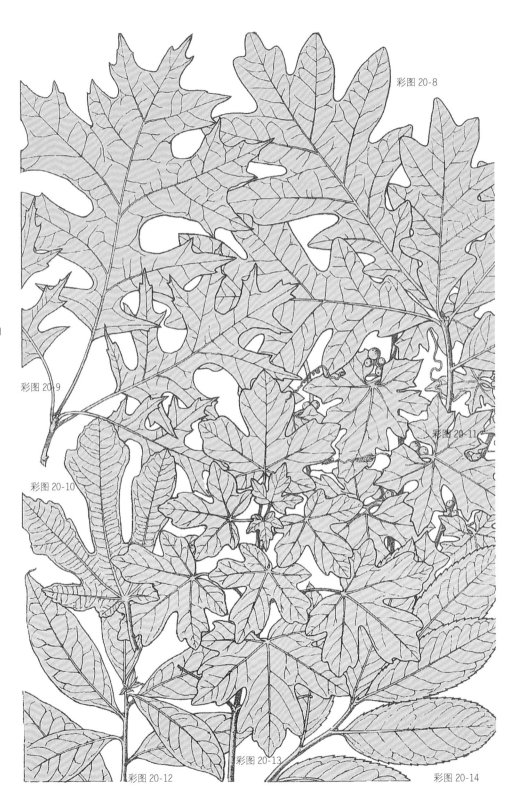

彩图 20-8
白栎叶

彩图 20-9
大红栎叶

彩图 20-10
无花果叶片

彩图 20-11
月桂叶

彩图 20-12
枫叶

彩图 20-13
白色泻根属植物

彩图 20-14
月桂叶

彩图 20-8~14
皆为完整比例，取自
自然叶片

彩图 20-8

彩图 20-9

彩图 20-10

彩图 20-11

彩图 20-12

彩图 20-13

彩图 20-14

彩图 20-15
葡萄叶

彩图 20-16
冬青

彩图 20-17
橡叶

彩图 20-18
土耳其橡叶

彩图 20-19
金链花

彩图 20-15~19
皆为完整比例，取自
自然叶片

彩图 20-15

彩图 20-16

彩图 20-17

彩图 20-18

彩图 20-19

彩图 20-20
野玫瑰

彩图 20-21
常青藤

彩图 20-22
黑莓

彩图 20-20~22
皆为完整比例，取自
自然叶片

彩图 20-20

彩图 20-21

彩图 20-22

344

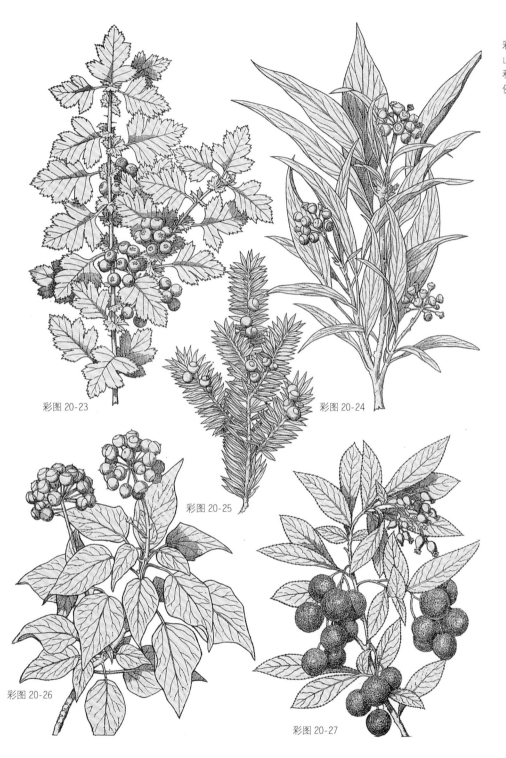

彩图 20-23~27
山楂，紫杉，常青藤
和草莓，皆为完整比
例，取自自然叶片

彩图 20-23

彩图 20-24

彩图 20-25

彩图 20-26

彩图 20-27

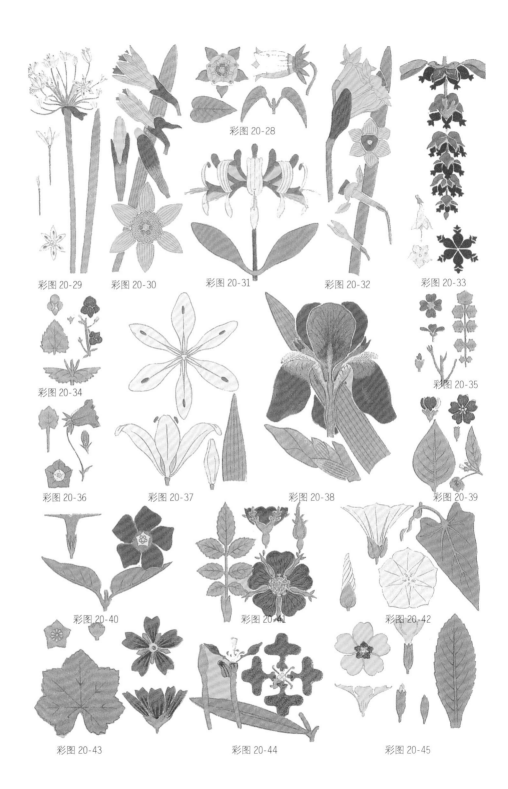

彩图 20-28

彩图 20-29　　彩图 20-30　　彩图 20-31　　　　彩图 20-32　　　　彩图 20-33

彩图 20-34　　　　　　　　　　　　　　　　　　　　　　　　彩图 20-35

彩图 20-36　　　　彩图 20-37　　　　彩图 20-38　　　　彩图 20-39

彩图 20-40　　　　　　　彩图 20-41　　　　　　　彩图 20-42

彩图 20-43　　　　　　　彩图 20-44　　　　　　　彩图 20-45

彩图 20-46
忍冬花

彩图 20-47
旋花植物，完整比例

彩图 20-46

彩图 20-47

彩图 20-48

译后记

　　欧文·琼斯先生出生于 1809 年的伦敦，他是 19 世纪影响深远的建筑师和设计师，也是现代设计理论尤其是色彩理论方面的先驱。琼斯曾就读于英国伦敦的皇家艺术研究院，之后师从建筑师刘易斯·福里米。琼斯游历广泛，他在 1832 年开启了环欧大旅行（The Grand Tour），途中结识了建筑设计的同道，他们去往埃及学习开罗的伊斯兰建筑，途经君士坦丁堡，最后到达西班牙，对摩尔人建造的阿尔罕布拉宫进行了细致的研究，可以说阿尔罕布拉宫对琼斯的设计理论影响颇深，在本书中也多有体现。琼斯参与了 1851 年的万国工业博览会的设计，让他在建筑设计界崭露头角。博览会过后，琼斯受任与 M. 迪格·怀亚特一同负责位于西德纳姆的新水晶宫的装饰设计，他设计了新水晶宫中著名的阿尔罕布拉宫展厅，以及埃及展厅、希腊展厅和罗马展厅等，让无数游客得以领略各类装饰艺术的风采。不幸的是，水晶宫被 1936 年的一场大火摧毁，本书撷取了当年水晶宫中的一些装饰的图样与片影。琼斯于 1874 年逝世，享年 65 岁。

　　《装饰的法则》一书凝结了琼斯先生对装饰艺术原理的概括，他追随装饰艺术因袭相承的脉络，从原始部落一直到 18 世纪，最后以自然花叶装饰艺术作结，带领读者进行了一次纵观古今的美的巡礼，书中遴选各种装饰风格具有代表性的作品，图文并茂地展现了不同时期装饰艺术的发展，涵盖的历史时期与地域民族十分广泛。该书于 1856 年首次出版，是关于装饰艺术的一次鸟瞰式的梳理，不仅可以让艺术专业人士从中汲取营养，也是让普通大众系统性地了解装饰发展的经典之作。

　　欧文·琼斯开宗明义，列出他提倡的在建筑与装饰艺术中关于形式和颜色布局的 37 条基本原理。开篇对美的定义是他对装饰艺术进行批判的一条贯穿始终的准则："真正的美来自于视觉、智力与情感都获得满足而无所他求时的恬静感。"线条曲直、空间疏密、色彩浓淡，皆要符合这一准则。

本书在小图纹的细究中，透露出一种大历史的气韵。读者也不妨大胆遥想，在最古老的原始部落，人类还处在童年时期，对大自然有了初步的感受，当时人类祖先刚刚学会制造工具，介于蒙昧与开化的某个时刻，祖先的目光落到了手中的石器和竹篮上，对美的朦胧感受在心中漾开。人类产生了最早的装饰欲望，赋予粗糙的石器和无奇的竹篮某种规整，从自然界的具象中，提炼出了线条的抽象之美，人类的早期器物除了其功能性外，同时也开始储存了人的情感、想象与观念。从古至今，人类都不懈地观照自然，理解自身，人们探索大自然的规律，草木花叶的脉络，生长的法则，试图无限靠近造物主的完美构思。人的创造有时是逼真地临摹自然的形态，有时去除了末节而保留了事物的特征，还有时只专注于抽象的几何形式。出自早期文明人类之手的装饰图案稚拙而天真，它是对美的把玩，尽管技艺水平远不及后世，却独有一种不再复现的古朴之美。非有赤子之心不可成就艺术。回想人类童年时代，艺术的样式意浅形浅，只那一抹天真，淡的人心中情浓起来。

一些基本的图案元素，几乎贯穿了整个装饰艺术史：菱格纹，回形纹，涡旋形饰以及莨苕叶饰等。埃及、波斯与希腊的装饰创造，仿佛为后世奠定了最初的范式，那柱头上精致的莨苕叶，舒展丰美的莲花，还有绵延圆润的涡旋饰与规范谨严的回形纹，一次次出现在后世的建筑与饰物上，变幻万千。装饰起初尚无定形，在人类目光与理智的洗涤下逐渐固定，它们简单规整，对称调和。人学会了线条要等齐，图案有了象征的意味，标准周正的程式化图案浮出水面。在埃及和希腊等范式的基础上，出现了后来的罗马风，拜占庭艺术更是艺术杂糅的产物，不同文明的艺术相互作用，催生出无数的变体形式。

欧文·琼斯对伊斯兰装饰艺术颇有研究，也在书中花大篇幅介绍西班牙的阿尔罕布拉宫，将其视为彰显装饰法则的教科书一样的范本。摩尔人造阿尔罕布拉宫，他们构思雕凿之际已经知道它将不朽。论形制、层次、图案与色彩，都恰如其分，跌宕多姿。

作者提到中国装饰艺术时，对中国人的创造力持批判态度，唯独肯定中国人对色彩自如的运用。从一个19世纪英国建筑设计师的眼光出发，这样的评价未必公允，也请读者自行判断。

　　琼斯还花了不少笔墨在文艺复兴和意大利的装饰艺术上，详细介绍了多纳泰罗、米开朗基罗、桑索维诺和贝尔尼尼等文艺巨匠的作品，强调建筑与装饰不分家的道理，不可只关注一个局部或一个学科，而忽略了整体与贯通。

　　作者也不止一次发出警醒，装饰应该与建筑本身交融一体，相得益彰。无所节制或偏离基本原理的装饰创新会导致艺术的衰落。本书也确实透露出作者对装饰艺术走向衰败的悲观感受。现代知识分工，智慧也便分流了，统合才能贯通，贯通才能浑然天成。

　　作者反复强调，现代艺术分工而非贯通，批量制造，描摹自然而缺少提炼与升华，经典流传下来却屡遭增删扭曲，这些都导致后世远不如古风纯正。装饰艺术是否已经开到荼蘼，接下来的只是新瓶旧酒的把戏？我们不妨把作者的这种悲观看作一种远见。距作者罢笔，现代化又进行了一两百年，如今科技如此发达，人工智能的发展已经可以通过大数据让机器作画了。几千年前陶罐瓦器上的图案，幻化到了楼宇宫殿的墙壁上，现在又出现在摩登大楼和时尚手袋上，它们历久弥新，依旧昭示着美的万般可能。未来并非是衰了又坏、一味流于工巧和滥俗的。装饰是人类的原始欲望，人心映射在物象上，于是人的感情有了寄托。审美的欲望是不会衰竭的，它促使着人类一次次返璞归真，重新以孩童的眼光审视自然。费心思取巧时，美忽然隐匿了，返璞归真时，美又显现。雕梁秀柱安放了人类丰富的感情，纹饰雕花沉淀了巨大的美学意义。尽管文中不免透露出古风不再的惆怅，但在书的结尾，作者还是怀揣着迫切的热望，他相信我们并未穷尽美的真义，后事不可知也。那审美之已然与未然之间透明的细线，正握在我们的手中。

　　在此，译者要感谢浙江人民美术出版社让我有机会翻译此书，感谢傅笛扬编辑等人的工作。由于译者水平有限，文中错误纰漏难免，恳请读者批评指正，不胜感激。

张心童